U0234679

高等职业教育职业核心能力系列教材

Python 编程从入门到实践

殷耀文　周少卿　时　俊　**主　编**

许桂平　吴华玉　王文霞　**副主编**

王霞成　梁　明　陈　曦　王　苗　**参　编**

张进明　**主　审**

北京理工大学出版社

BEIJING INSTITUTE OF TECHNOLOGY PRESS

内 容 简 介

本教材以 Windows 操作系统为平台，系统讲解 Python 3 的基础知识。全书共 11 章，主要介绍了 Python 基本语法、字符串、列表、元组、字典、文件的读写、函数与模块、文件异常处理、面向对象技术、图形用户界面、标准库及第三方库等知识。首先介绍了 Python 的特点、发展及推荐学习方法，然后讲授了 Python 基础语法、流程控制语句、数据类型、函数、模块、面向对象、文件处理、异常处理、图形用户界面、标准库和第三方库，最后增加了全国计算机等级考试二级 Python 语言程序设计考试大纲等相关知识。教材根据"自主式一体化教学、线上线下混合教学"模式，对教材的构成要素进行调整，按照 Python 的有关知识由浅入深、从易到难地进行编写，并在每章后布置习题，实现"教、学、做"一体，从而切实提高学生的持续发展能力。

本教材力求为数据采集及分析提供全面的语言基础，同时，也考虑到部分学有余力的同学参加全国计算机等级考试的要求，补充了全国计算机等级考试二级 Python 语言程序设计考试大纲规定的知识，因此本教材也适合作为全国计算机等级考试二级考试 Python 语言程序设计考试参考用书。

版权专有 侵权必究

图书在版编目（CIP）数据

Python 编程从入门到实践/殷耀文，周少卿，时俊主编 . —北京：北京理工大学出版社，2020. 5

ISBN 978 - 7 - 5682 - 7485 - 2

Ⅰ. ①P… Ⅱ. ①殷…②周…③时… Ⅲ. ①软件工具－程序设计 Ⅳ. ①TP311. 561

中国版本图书馆 CIP 数据核字（2020）第 071692 号

出版发行 / 北京理工大学出版社有限责任公司

社　　址 / 北京市海淀区中关村南大街 5 号

邮　　编 / 100081

电　　话 / （010）68914775（总编室）

　　　　　（010）82562903（教材售后服务热线）

　　　　　（010）68948351（其他图书服务热线）

网　　址 / http：//www. bitpress. com. cn

经　　销 / 全国各地新华书店

印　　刷 / 三河市天利华印刷装订有限公司

开　　本 / 787 毫米×1092 毫米　1/16

印　　张 / 17　　　　　　　　　　　　　　　　　　责任编辑 / 王玲玲

字　　数 / 396 千字　　　　　　　　　　　　　　　　文案编辑 / 王玲玲

版　　次 / 2020 年 5 月第 1 版　2020 年 5 月第 1 次印刷　责任校对 / 刘亚男

定　　价 / 48. 90 元　　　　　　　　　　　　　　　　责任印制 / 施胜娟

图书出现印装质量问题，请拨打售后服务热线，本社负责调换

丛书编委会

主　任：张进明

副主任：罗　瑜　马祥兴　徐　伟

委　员：（按姓氏拼音排列）

金春凤　赖　艳　李伟民　刘于辉　陆樱樱　马树燕

时　俊　施　萍　苏琼瑶　王霞成　王慧颖　王闪闪

徐　晨　杨美玲　俞　力　殷耀文　张庆华　张香芹

周少卿　朱克君

序

职业能力包括三个方面，即：职业特定能力、职业通用能力和职业核心能力。

职业特定能力是指从事某种具体的职业、工种或岗位，所需对应的技能要求，主要用于学生求职时所需的一技之长。职业通用能力是一组特征和属性相同或者相近的职业群（行业）所体现出来的共性技能，主要用于积淀学生在某一行业未来发展的潜力。职业核心能力是适用于各种岗位、职业、行业，在人的职业生涯乃至日常生活中都必须具备的基本能力，是伴随人终身成长的可持续发展能力，主要用于提升学生职业发展的迁移能力。

亚马逊贝索斯经常被问到一个问题："未来十年，会有什么样的变化？"但贝索斯很少被问到"未来十年，什么是不变的？"贝索斯认为第二个问题比第一个问题更重要，因为你需要将你的战略建立在不变的事物上。

随着知识经济时代的发展，职业结构也发生相应的变化，社会财富创造的动力正由依靠体力劳动向依靠体力和脑力劳动相结合的方向转变，随着生产技术的进步，处于职业结构金字塔底端的非技术工人和中间的半技术工人的比例将严重下降，而最受欢迎的将是具备多方面能力和广泛适应性的高素质技术人员。调查显示，企业最关注的学生素养因素排名前十位依次为：工作兴趣和积极性、责任心、职业道德、承担困难和努力工作、自我激励、诚实守信、主动、奉献、守法、创造性。这些核心素养比一般人所看重的专业技能更为重要，是一个企业长足发展的内在不竭动力。

因此，职业教育中必须有"核心素养"的一席之地，来帮助传递关键能力，如应对不确定性、适应性、创造力、对话、尊重、自信、情商、责任感和系统思维。

为此，昆山登云科技职业学院在广泛调研和借鉴国内外高职教育的经验基础上，在校级层面开设四类职业核心能力课程：专业能力类、方法能力类、社会能力类、生活能力类。

◆ 专业能力

1. 统计大数据与生活

在终极的分析中，一切知识都是历史：我们现在拥有的知识都是对过去发现的事物的归纳总结以及衍生；在抽象的意义下，一切科学都是数学：所有的知识都可以归纳为对数学的推理和运算。在大数据时代下，一切都离不开数据，而所有数据都离不开统计学，在统计学作用下，大数据才能发挥出巨大威力，具有实实在在的说服力。

2. 用 Python 玩转数据

数据蕴涵价值。大数据时代，选择合适的工具进行数据分析与数据挖掘显得尤为重要。Python 语言简洁、功能强大，使得各类人员都能快速学习与应用。同时，其开源性为解决实际问题和开发提供强大支持。Python 俘获了大批的粉丝，成为数据分析与挖掘领域首选工具。

3. 向阳而生，心花自开——大学生心理健康教育

保罗·瓦勒里说：心理学的目的是让我们对自以为了然于胸的事情，有截然不同的见解。拥有"心理学"这双眼睛，才能得到小至亲密关系、大到人生意义的终极答案。进入心理学的世界，让你看见自己，读懂他人，建立积极的社会关系，活出丰盈蓬勃的人生。

4. 审美：慧眼洞见美好

吴冠中说："现在的文盲不多了，但美盲很多。"木心说："没有审美力是绝症，知识也解救不了。"现在很多人缺乏的不是物质，也不是文化，而是审美。没有恰当的审美，生活暴露出最务实、最粗俗的一面，越来越追求实用化的背后，生活越来越无趣、越来越枯萎。审美力是对生活世界的深入感觉，俗话说：世界上不乏美的事物，只缺乏那双洞察一切美的眼睛。一个人审美水平的高低，在一定程度上决定了他竞争力水平，因为审美不仅代表着整体思维，也代表着细节思维。

◆ **方法能力**

5. 成为 Office 专家

学习 Office，学到的不只是 Office。职场办公，需要的不仅是技能，更需要解决问题的能力。会，只是基础；用，才是乐趣。成为 Office 专家，通过研究和解决所遇到的 Office 问题，体会协作成功之乐趣。

6. 信息素养：吾将上下而求索

会搜索是一种解决问题的能力。快速、便捷地搜索全网海量信息资源，最新、最好看的电影、爱豆视频任你选；学霸养成路上的"垫脚石"，论文、笔记、大纲、前人经验大放送；购物小技能，淘宝、京东不多花你一分钱；人脉搜索的凶猛大招，优秀校友、企业精英、电竞大神带你飞；还可以来一次说走就走的旅行，等等。让我们成为一名智慧信息的使用者。

7. Learning How to Learn 学会如何学习：从认知自我到高效学习

学会如何学习是终极生存技能。为什么学？学什么？如何学？一直是学习者关注的话题。掌握正确的学习方法，是改变学习效果的关键，也是改变人生的关键。只要找到了适合自己的学习方法，学习就会变得有意思，你也会变得更有自信，你的世界也会变得更加多元……

8. 思维力训练：用框架解决问题

你能解决多高难度的问题，决定了你值多少钱。思维能力强大的人，能够随时从众人当中脱颖而出，从而源源不断地为自己创造机会。这是一套教你如何用"思维框架"快速提升能力，有套路地解决问题的课程。

◆ **社会能力**

9. 职场礼仪

我国素享"礼仪之邦"的美誉，礼仪文化源远流长、博大精深。"礼"表达的是敬人的美意，"仪"是这种美意的外显，礼仪乃是"律己之规"与"敬人之道"的和谐统一。礼仪是社交之门的"金钥匙",是人际交往的"润滑剂",是事业成功的"法宝"。不学礼,无以立。

10. 成功走向职场——大学生的 24 项修炼

通过技能示范、角色扮演、大组和小组讨论、教学游戏、个人总结等体验式教学法,帮助青年人加强个人能力,如沟通、自信、决策和目标设定;帮助青年人发现并分析自己关于一些人生常见话题的价值观;帮助青年人形成良好的自我与社会定位,能够用符合社会认知并且理性的方式解决问题和冲突;帮助青年人构建学以致用的职场技能,提高青年的学习生活与工作效率,让自己更加接近成功。

◆ **生活能力**

11. 昆曲艺术

昆曲,又名昆山腔、昆剧,是"百戏之祖",属于"阳春白雪"的高雅艺术。昆曲诞生于元末江苏昆山千墩,盛行于明清年间,迄今已有 600 多年历史。昆曲是集文学、历史、音乐、舞蹈、美学等于一体的综合艺术。2001 年,昆曲被联合国教科文组织授予"人类口述和非物质遗产代表作"称号。

12. 投资与理财

投资理财并不只能帮助我们达到某个财务目标,它还可以帮助我们建立一种未来感,让我们把目光放得更长远,实现人生目标。本课程通过介绍投资理财的基础理论知识来武装大脑,通过介绍常见的投资理财工具来铸就投资理财利器。"内服"+"外用",更好地弥补你和"钱"的鸿沟。

13. 大学生就业指导与创业

当你对自己的梦想产生怀疑时,生涯规划会为你点亮通往梦想的那盏明灯;当你带着梦想飞翔到陌生的职业世界,却不知如何选择职业时,科学的探索方法将成为你职业发展道路上的"魔杖";当你在求职路上迷茫时,就业指导带给你一份新的求职心经,陪伴你在求职路上"升级打怪";当你的目光投向创业却不知什么是创业、如何创业时,我们将为你递上一张创业名片。让我们沿着规划,一路向前,走上属于自己的职业发展之路。

14. 学生全程关怀手册

不论是课业疑惑、住宿问题、情感困扰、生活协助或就业压力,我们提供最周详的辅导、服务资讯,协助同学快速解决各类困难与疑惑。

丛书以成果导向为指导理念编写,力求将可迁移的通用能力分解为具体可操作实现的一个个阶段学习目标,相信在这些学习目标的引导下,学习者将构建形成适应当前社会经济发展需要的职业核心能力。

前　言

Python 作为一门编程语言，已被应用在众多领域，如系统运维、图形处理、数学处理、文本处理、数据库编程、网络编程、Web 编程、多媒体应用、pymo 引擎、黑客编程、爬虫编写、机器学习、人工智能等，Python 应用无处不在。

Python 的设计原则是"优雅、明确、简单"，它的语法清楚、干净、易读，程序易维护。编程简单直接，适合初学编程者，让初学者专注于编程逻辑，而不是纠结于晦涩的语法细节。

学习本教材的原因：

中国人工智能行业正处于创新发展的时期，对人才的需求也在急剧增长。国家相关教育部门对"人工智能的普及"格外重视，不仅将 Python 语言列入小学、中学和高中等教育体系中，还借此为未来国家和社会发展奠定人工智能的人才培养基础，逐步由底层向高层推动"全民学 Python"，从而进一步实现人工智能技术的发展和社会人才结构的更迭。

随着大数据与人工智能时代的到来，Python 已成为人们学习编程的首选语言。本教材力求为数据采集及分析提供全面的语言基础。编者根据"自主式一体化教学、线上线下混合式教学"模式，对教材的构成要素进行调整，重视学生的认知度、掌握度，按照 Python 的有关知识由浅入深、从易到难进行编写，实现"教、学、做"一体化，从而提高了学生的持续发展能力。

通过对本教材的学习，读者可学会运用 Python 进行数据处理，为数据采集及分析提供全面的语言基础。同时，本教材也考虑到部分学有余力的同学参加全国计算机等级考试的要求，补充了全国计算机等级考试大纲规定的知识，因此也适合作为全国计算机等级考试 Python 参考用书。

本教材内容分布：

本教材基于 Python 3，主要进行 Python 基本语法、元组、列表、字典、文件的读写、函数与模块、文件、面向对象、标准库和第三方库等 Python 知识的讲授，具体章节内容如下：

第 1 章主要是认识 Python。包括 Python 的发展历程、特点及应用领域，开发环境的搭建及程序的保存与运行，并给出了 Python 学习方法的建议。同时给出了读者独立完成开发环境的搭建及程序的保存、运行的方法。

第 2 章主要对 Python 的基本语法进行讲解，包括中文编码、固定语法、标识符及保留字、基本输入/输出、变量和数据类型、运算符等。读者在初学 Python 时，须多动手写代码，这样才能加深印象，为后期深入学习打好基础。

第 3 章主要介绍 Python 的基本数据类型，主要包括数字类型的概念和使用、运用 Python

的标准数学库进行数值运算、字符串类型的概念和使用，以及字符串类型的格式化操作方法和应用。

第 4 章主要介绍 Python 的流程控制语句，包括条件语句、循环语句及其他语句。在开发中，须多加理解并掌握它们的使用。

第 5 章主要对函数进行了讲解，包括函数的定义及调用、参数及返回值、全局与局部变量、global 与 nonlocal 语句及匿名函数。函数作为关联功能的代码段，可以很好地提高代码的复用性。读者需要掌握函数的这些功能，也要能查询相关的函数手册或文档。

第 6 章主要对 Python 的数据结构进行了讲解。介绍了序列及序列操作，以及字符、列表、元组、字典、集合、对象的浅复制与深复制、推导式等知识。读者需要掌握这些数据类型不同的特点及操作，以便在后续的开发中选择合适的类型对数据进行操作。

第 7 章主要对文件操作和异常处理进行了介绍，包括文件打开和关闭、文件读写、文件重命名和删除、文件夹操作及 CSV 文件操作等，以及系统内置异常的抛出和捕捉、用户自定义异常的处理、with 及 as 语句的使用。

第 8 章主要介绍了面向对象编程的知识，包括面向对象编程概述、类和对象的创建、类的属性方法、类的继承、方法重写与运算符重载。读者通过本章的学习，培养使用面向对象思想进行程序设计的能力。

第 9 章主要对 Python 中的图形用户界面做了介绍，并介绍了 Tkinter 组件的使用及坐标布局管理器的使用。

第 10 章主要对 Python 中的常用标准库函数 turtle、random 和 datetime 做了介绍。

第 11 章主要对 Python 中的第三方库进行了介绍，包括第三方库的安装、数值计算库 numpy 和数据可视化库 matplotlib 的使用。

最后补充介绍了全国计算机等级考试二级考试大纲、术语及部分习题答案，本部分不作为基础必讲部分，可根据教学课时进行灵活安排。建议感兴趣的读者或计划参加二级 Python 考试的读者认真学习。

在本教材的学习中，读者在理解知识点的过程中遇到困难时，建议不要纠结于某个地方，可以继续往后学习。通常来说，通过逐渐深入的学习，前面不懂和疑惑的知识点会"豁然开朗"。在编程的学习中，一定要多动手实践。如果实践过程中遇到问题，可以停下来，整理思路，认真分析问题发生的原因，并在问题解决后及时进行总结。

本教材由殷耀文、周少卿、时俊、许桂平、吴华玉、王文霞、王霞成、梁明、陈曦、王苗编写，张进明院长审核。李博、陈曦、吴华玉、杨风雷、李占峰参与了视频资料的制作与整理工作。

为提升学习效果，教材结合实际应用提供了大量的案例进行说明和训练，并配以完善的学习资料和支持服务，包括教学大纲、教学进度表、教学 PPT、案例源码等，为读者提供全方位的学习服务。本教材资料下载可联系 67483106@ qq. com。

尽管编者付出了很多努力，在编写过程中力求准确、完善，但书中难免会有不妥之处，敬请读者批评指正。

编　者

目　　录

第 1 章

初识 Python

学习目标

- 掌握 Python 语言的特点。
- 掌握安装 Python 3. x 运行环境的方法。
- 掌握几条常规的 Python 语句。
- 掌握建立、保存、打开、编辑及运行 Python 程序文件的方法。
- 抛砖引玉，初识几个 Python 微程序。

1.1 初识 Python 语言

计算机编程语言的发展过程可分为机器语言、汇编语言、高级语言。基本的发展脉络如图 1-1 所示。

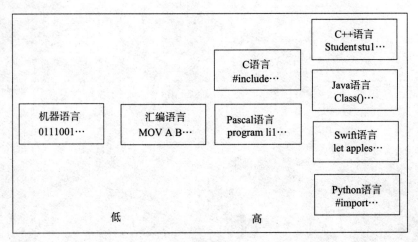

图 1-1 编程语言发展脉络

如今各种编程语言层出不穷，较大众和经典的有汇编、Basic、C、C++、C#、Java、Python 等。不同的语言有不同的擅长使用环境，其语法和编写难度也有所区别，下面通过一个例子进行说明，比如，要计算整数 3 + 5 的值，不同语言的程序有不同的编码过程。

传统的 C 语言实现如下：

```
#include < stdio. h >
void main( )
{
    int a,b,c;
    a = 3;
    b = 5;
    c = a + b;
    printf("% d\n",c);
}
```

运行可得到 3 + 5 的值是 8。

而 Python 语言实现如下：

```
>>3 + 5
>>8
```

从以上的例子可以看出，Python 语言非常接近自然语言，所以是一门非常简洁、优美、优秀的语言。

1.2 Python 语言特点及应用领域

①简单。Python 遵循"简单、优雅、明确"的设计原则。

②高级。Python 是一种高级语言，相对于 C 语言，其牺牲了性能，但提升了编程人员的效率。它使程序员可以不用关注底层细节，而把精力全部放在编程上。

③面向对象。Python 既支持面向过程，也支持面向对象。

④可扩展。可以通过 C、C++ 语言为 Python 编写扩充模块。

⑤免费和开源。Python 是 FLOSS（自由/开放源码软件）之一，允许自由发布软件的备份、阅读和修改其源代码、将其一部分自由地用于新的自由软件中。

⑥边编译边执行。Python 是解释型语言，边编译边执行。

⑦可移植。Python 能运行在不同的平台上。

⑧丰富的库。Python 拥有许多功能丰富的库。

⑨可嵌入性。Python 可以嵌入 C、C++ 中，为其提供脚本功能。

1.3 Python 2 与 Python 3 的区别

Python 2 与 Python 3 不能混编，但两者主要是在语法上略有不同。本教材在这里不做过多的讨论，如果想要了解更多 Python 2 与 Python 3 的区别，可自行在网上查询学习。

1.4 安装 Python 运行环境

本教材以在 Windows 操作系统环境下的安装过程为例，其他操作系统安装过程类似，安装时请注意操作系统的版本（32 位或者 64 位）。首先登录 Python 的官方网站 www. python. org，找到下载页面，如图 1 - 2 所示。

Files

Version	Operating System	Description	MD5 Sum	File Size	GPG
Gzipped source tarball	Source release		e18a9d1a0a6d858b9787e03fc6fdaa20	23949883	SIG
XZ compressed source tarball	Source release		dbac8df9d8b9edc678d0f4cacdb7dbb0	17829824	SIG
macOS 64-bit installer	Mac OS X	for OS X 10.9 and later	f5f9ae9f416170c6355cab7256bb75b5	29005746	SIG
Windows help file	Windows		1c33359821033ddb3353c8e5b6e7e003	8457529	SIG
Windows x86-64 embeddable zip file	Windows	for AMD64/EM64T/x64	99cca948512b53fb16084787143ef19	8084795	SIG
Windows x86-64 executable installer	Windows	for AMD64/EM64T/x64	29ea87f24c32f5e924b7d63f8a08ee8d	27505064	SIG
Windows x86-64 web-based installer	Windows	for AMD64/EM64T/x64	f93f7ba8cd48066c59827752e531924b	1363336	SIG
Windows x86 embeddable zip file	Windows		2ec3abf05f3f1046e0dbd1ca5c74ce88	7213298	SIG
Windows x86 executable installer	Windows		412a649d36626d33b8ca5593cf18318c	26406312	SIG
Windows x86 web-based installer	Windows		50d484ff0b08722b3cf51f9305f49fdc	1325368	SIG

图 1 - 2 Windows 系统下程序下载页面

注意：安装过程中请务必勾选"Add Python 3.7 to PATH"选项，如图1-3所示。

图1-3 勾选安装路径

安装成功后，可在"开始"程序里找到Python解释器，如图1-4所示。

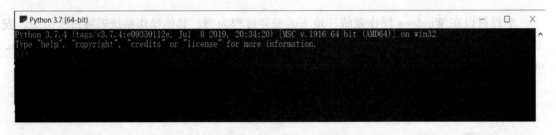

图1-4 Python解释器

看见" >>> "提示符，则证明Python安装成功。

1.5 Python语言的第一个程序

一般来讲，学习任何一门新的语言，第一程序都会是调用自己的打印函数输出"Hello World!"，即"你好，世界!"，表示自己的第一个此类型语言的程序已经面世了。启动Python后，在出现符号" >>> "后调用Python的print函数，输入以下语句：

```
print("Hello World!")
```

输入完成后，按Enter键，屏幕上显示"Hello World!"，如图1-5所示。

图1-5 运行 print 语句

1.6 Python 语句的编辑器

目前有很多 Python 语句的编辑器，主流的有 PyCharm、Vim、Eclipse with PyDev、Sublime Text、Emacs、Komodo Edit、Wing、PyScripter、The Eric Python IDE、Interactive Editor for Python。推荐使用 PyCharm 编辑器。所有集成开发环境的下载资源和安装步骤可自行在网上查询。

1.7 以文件形式运行 Python 程序

除了在终端输入语句外，Python 还支持运行文件，具体步骤如下。

①新建一个文本文件，命名为 hello. py，在文本文件中输入 print("Hello World!") 语句，并保存文件。

②打开解释器（命令提示符）窗口。

③找到文件具体位置，并运行文件，. py 文件前加 python 命令字。

④按 Enter 键运行文件。

结果如图1-6所示。

图1-6 Python 程序运行结果

在文件中输入语句时，需注意大小写字符。包括 Python 在内的所有语言类编译器都会区分大小写。

除了使用解释器，还可以利用 Python Shell 进行编程。直接打开编辑器，如图1-7所示。

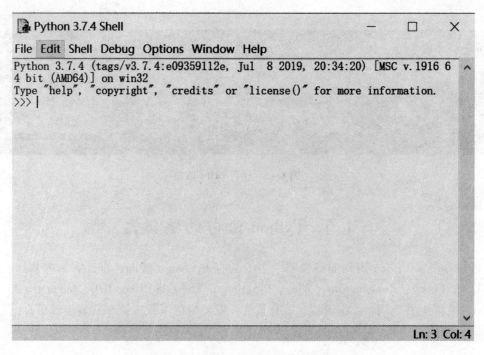

图 1-7　使用 Python Shell 进行编程

　　如果代码量较大，需要不断编译修改，可以使用 Python Shell 中的文件编辑器编写代码，如图 1-8 所示。在 Python Shell 中新建一个文件，建立方法为：直接打开"File"菜单，单击"New File"即可。

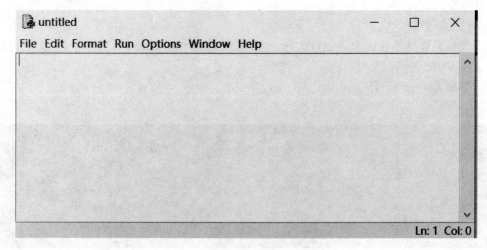

图 1-8　使用文件编辑器进行编码

1.8　运行 Python 小程序

　　"Hello World!"程序只有一行代码，并不能对 Python 程序有完整的认识，下面以几个小程序为例，作为认识 Python 程序的窗口。

【例 1.1】 矩形面积的计算。

输入并运行以下程序。

```
lenth = 25          #矩形的长度是 25
width = 15          #矩形的宽度是 10
area = lenth * width   #计算矩形的面积
print(area)
```

输出结果如下：

```
375
```

【例 1.2】 调用系统 turtle 库画出一组圆。

输入并运行以下程序。

```
import turtle           #导入画图所使用的 turtle 库
turtle.circle(10)       #画出半径为 10 个像素点的圆
turtle.circle(50)       #画出半径为 50 个像素点的圆
turtle.circle(90)       #画出半径为 90 个像素点的圆
turtle.circle(120)      #画出半径为 120 个像素点的圆
```

其中 turtle 是一个图形库，运行程序，得到如图 1-9 所示图形。

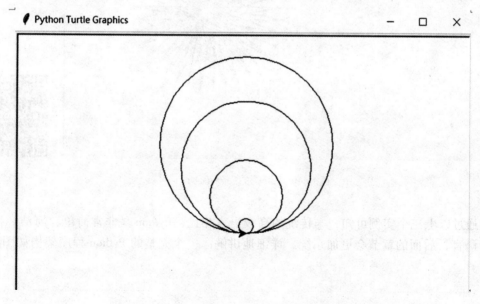

图 1-9　turtle 库所画半径不同的圆

【例 1.3】 绘制一个较复杂的图形太阳花。

输入并运行以下程序。

```
from turtle import*        #导入画图所使用的 turtle 库
color('red','yellow')      #设置太阳花背景为黄色,绘笔颜色为红色
begin_fill()               #开始填充
while True:                #循环绘制
    forward(200)           #绘图线前进200 个像素点
    left(170)              #曲线水平左转170 度
    if abs(pos())<1:       #起始点与终止点重合后停止绘图
        break              #跳出循环
end_fill()                 #结束填充
done()                     #程序结束
```

运行程序，得到如图1-10 所示图形。

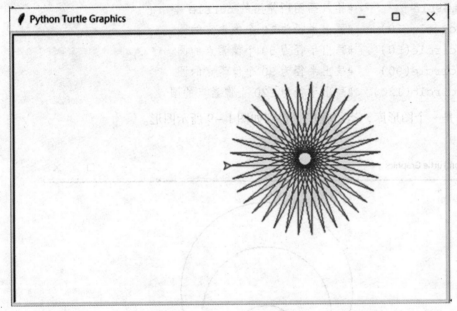

图1-10   用 turtle 库所画的太阳花图形

扫码查看彩图

通过以上三个实例可知，与传统的高级语言相比，Python 是非常简单、简洁、接近自然的语言，后面的章节会更加系统、详细地讲解。一个完整的 Python 程序架构如图1-11所示。

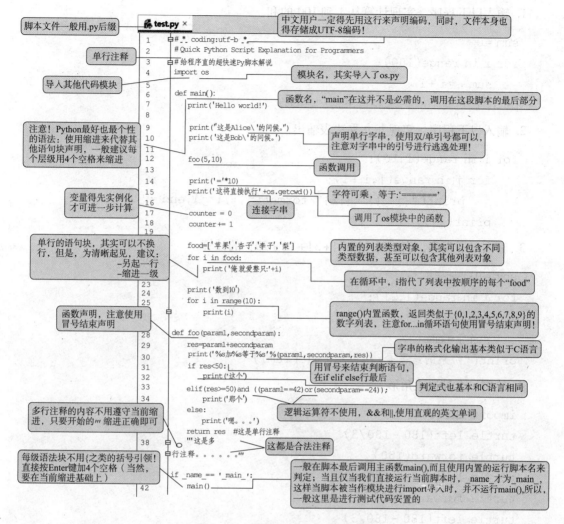

图 1-11 完整的 Python 程序架构

 本章小结

本章主要讲解了 Python 语言的特点及其编译环境，以及如何运行文件形式的 Python 程序。

需要掌握 Python 语言开发环境的搭建、print 语句的执行、常用的集成开发环境、Python 2 和 Python 3 的不同之处。

Python 语言以其优美的编码风格、高效的编译效率闻名于世，受到越来越多的人的喜爱与使用。

习 题 1

由于本章还未开始讲解 Python 的相关语法，请在 Python 编译环境中练习以下习题：

1. 输入以下程序，实现计算从 1 到 100 的和。

```
sum = 0
for i in range(100):
    sum += i + 1
print("1 到 100 的求和结果是:", sum)
```

2. 输入以下程序，实现九九乘法表输出。

```
for i in range(1,10):
    for j in range(1,i +1):
        print("{}* {} = {:2}". format(j,i,i*j),end = '')
    print('')
```

3. 输入以下程序，实现对 1!+2!+3!+…+20! 的计算。

```
sum = 0;tmp = 1
for i in range(1,21):
    tmp*= i
    sum += tmp
print("阶乘的结果是:{}". format( sum))
```

4. 绘制一个等边三角形。

```
import turtle
turtle. left(180 - 180/3)
turtle. forward(150)
turtle. left(180 - 180/3)
turtle. forward(150)
turtle. left(180 - 180/3)
turtle. forward(150)
```

5. 编写程序，从键盘输入圆的半径，计算并输出圆的周长和面积。

```
import math
radius = eval(input("请输入半径:"))
circumference = 2* math. pi* radius
area = math. pi* radius* radius
print("圆的周长是:%.2f" % circumference)
print("圆的面积是:%.2f"% area)
```

6. 用程序实现三原色组合（红橙黄绿青蓝紫）。

```
color = input("请选择蓝色,黄色其中一种颜色:")
color = input("请选择红色,黄色其中一种颜色:")
if color == "蓝色"and color == "红色":
    print("蓝色 +红色 =紫色")
```

```
elif color == "蓝色"and color == "黄色":
    print("蓝色 + 黄色 = 绿色")
elif color == "黄色"and color == "红色":
    print("黄色 + 红色 = 橙色")
elif color == "黄色"and color == "黄色":
    print("黄色")
else:
    print("输入错误,请重新输入")
```

第 2 章

Python 语言基本语法元素

学习目标

- 掌握程序的基本语法元素、程序的格式框架。
- 掌握 Python 语言程序的缩进、注释、变量、命名、保留字、数据类型、赋值语句、引用（导入）等基本语法格式。
- 掌握 Python 语言程序的基本输入函数 input( )、转换函数 eval( )、输出函数 print( )。
- 了解 Python 语言程序使用数据的基本类型，了解 Python 语言 turtle 库的引用和使用。

2.1 程序的格式框架

程序的格式框架，即段落格式，是 Python 语法的一部分，这种设计有助于提高代码的可读性和可维护性。

2.1.1 缩进

Python 语言采用严格的"缩进"来表示程序逻辑，如图 2 – 1 所示。其中箭头表示当前 for 语句与后面语句之间的缩进关系。

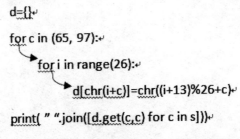

图 2 – 1　Python 程序的缩进与格式框架

缩进指每行语句开始前的空白区域，用来表示 Python 程序间的包含和层次关系。一般代码不需要缩进，顶行编写且不留空白。当表示分支、循环、函数、类等程序含义时，在 if、while、for、def、class 等保留字所在完整语句后通过英文冒号（:）结尾，并在之后行进行缩进，表明后续代码与紧邻无缩进语句的所属关系。需要注意的是，不是所有语句都可以通过缩进包含其他代码，只有上述一些特定保留字所在语句才可以引导缩进，如 print( ) 这样的简单语句不表示所属关系，不能使用缩进。

代码编写中，缩进可以用 Tab 键实现，也可以用多个空格（一般是 4 个空格）实现，但两者不能混用。建议采用 4 个空格方式书写代码。Python 语言对语句之间的层次关系没有限制，可以嵌套使用多层缩进。

- 1 个缩进 = 4 个空格。
- 缩进是 Python 语言中表明程序框架的唯一手段。

如果 Python 程序执行时产生了"unexpected indent"错误，则说明代码中出现了缩进不匹配的问题，需要查看所有缩进是否一样，以及错用缩进的情况。

```
>>>  a =100 #提示符与代码之间不能空格
SyntaxError:unexpected indent
```

又如：

```
>>> if True:
        print('我的行缩进空格数相同')
```

```
>>>else:
    print('我的行缩进空格数相同')
  print('我的行缩进空格数不相同')
```

最后一行的语句缩进空格数与其他行不一致，会导致代码运行出错。此外，在交互式输入复合语句时，必须在最后添加一行空行来标识结束；当代码太复杂时，解释器将难以判断代码块从何处结束，并且以空行标识结束也便于自己进行查阅和理解。

2.1.2 注释

注释是代码中的辅助性文字，会被编译器或解释器略去，不被计算机执行，一般用于程序员对代码的说明。Python语言采用"#"表示一行注释的开始，多行注释需要在每行开始都使用"#"。

注释可以在一行中任意位置通过"#"开始，其后面的本行内容被当作注释，而之前的内容仍然是Python执行程序的一部分。

Python程序中的非注释语句将按顺序执行，注释语句将被解释器过滤掉，不被执行。注释一般用于在代码中标明作者的版权信息，或解释代码原理及用途，或通过注释单行代码辅助程序调试。

- 单行注释以"#"开头，可以独占一行，也可以从行的中间开始。如：

```
>>>#这是一个单独成行的注释
>>>print(pow(2,10))   #计算2的10次方
```

- 多行注释。在实际应用中常常会有多行注释的需求，同样，也可以使用"#"号进行注释，只需在每一行前加#即可。如：

```
>>>#这是一个使用#号的多行注释
>>>#这是一个使用#号的多行注释
>>>#这是一个使用#号的多行注释
>>>print("Hello,World!")
```

又如：

```
>>>#作者名称:著名的相声演员
>>>#编写时间:2018 年 1 月 1 日
>>>#版权声明:按照 CC BY - NC - SA 方式开源
>>>print("期待世界和平")   #2018 年的良好祝愿
```

- 多行注释又可以使用3个单引号或者使用3个双引号将注释括起来，达到多行或者整段内容注释的效果。使用3个单引号"'''"开头和结尾，如：

```
>>>'''
该多行注释使用的是 3 个单引号
该多行注释使用的是 3 个单引号
```

```
该多行注释使用的是 3 个单引号
'''
>>> print("Hello,World!")
```

使用 3 个双引号注释：

```
>>> """
该多行注释使用的是 3 个双引号
该多行注释使用的是 3 个双引号
该多行注释使用的是 3 个双引号
"""
>>> print("Hello,World!")
```

2.1.3 续行符

Python 程序是逐行编写的，每行代码长度并没有限制，但单行代码太长并不利于阅读，因此，Python 提供"续行符"将单行代码分割为多行表达。续行符由反斜杠（\）符号表达。

```
>>> print("{}是{}的首都".format( \
    "北京"\
        "中国"))
```

上述代码等价于下面代码：

```
>>> Print("{} 是{}的首都".format("北京""中国"))
```

使用续行符需要注意两点：续行符后不能存在空格；续行符后必须直接换行。续行符不仅可以用于单行代码较长的情况，也适合对代码进行多行排版，以增加可读性。

2.1.4 使用一行多条语句

通常在使用较短的语句时，希望一行能有多条语句。可以使用分号（;）对多条短语句实现隔离，从而能在同一行实现多条语句代码的编写。如：

```
>>> a = 8;b = 3.5;c = 7;d = 12
```

2.2 语法元素的名称

与自然语言相似，Python 语言的基本单位是"单词"，少部分单词是 Python 语言规定的，被称为保留字；大部分单词是用户自己定义的，通过命名过程形成了变量或函数，用来代表数据或代码。

2.2.1 变量

变量，顾名思义，其值是可以改变的，可以通过赋值（使用等号" ＝"表达）方式被修改。变量在程序中十分常见，它是保存和表示数据值的一种语法元素，在程序中用一个变量名表示，因此，它的值是可以改变的。例如：

```
>>> a = 99
>>> a = a + 1
>>> print(a)
    100
```

可以把任意数据类型赋值给变量，同一个变量可以反复赋值，并且可以是不同类型的变量。如：

```
a = 123        #a 是整数
a = 'ABC'      #a 变为字符串
```

这种变量本身类型不固定的 Python 语言称为动态语言，与之对应的其他语言称为静态语言。

注意：Python 语言中变量可以随时命名，随时赋值，随时使用。

2.2.2　命名

给变量或其他程序元素关联名称或标识符的过程称为命名。

Python 采用大写字母、小写字母、数字、下划线和汉字等字符及其组合进行命名，但名字的首字符不能是数字，标识符中间不能出现空格，长度没有限制。如合法命名的标识符：

Python_is_good　　_is_it_a_question_　　人生苦短　　PY_2　　_py_good　　春季

不合法命名的标识符：

32PPT

注意：标识符对大小写敏感，python 和 Python 是两个不同的名字。

一般来说，程序员可以选择任何喜欢的名字，包括使用中文字符命名，但从编程习惯和兼容性角度考虑，一般不建议采用中文等非英语语言字符对变量进行命名。另外，要注意标识符名字不能与 Python 保留字相同。

提示：程序设计中会使用诸如小括号、引号、逗号等标点符号，需要注意的是，这些标点符号都是英文标点，不能是中文标点，需特别注意。

2.2.3　保留字

保留字（keyword），也称关键字，指被编程语言内部定义并保留使用的标识符。程序员编写程序时，不能命名与保留字相同的标识符。每种程序设计语言都有一套保留字，保留字一般用来构成程序整体框架、表达关键值和具有结构性的复杂语义等。

Python 3.x 版本共有 35 个保留字，见表 2 - 1，按照字母顺序排列。

表 2 - 1　Python 的 35 个保留字列表

and	as	assert	break	class	continue	def
del	elif	else	except	False	finally	for
from	global	if	import	in	is	lambda
None	nonlocal	not	or	pass	raise	return
True	try	while	with	yield	async	await

与其他标识符一样，Python 的保留字也是大小写敏感的。例如，True 是保留字，因为 T 是大写字母但 true 则不是保留字，后者可以被当作变量使用。

```
>>>(100 >10) ==true      #注意两个等号是判断表达式
Traceback(most recent call last):
   File "<pyshell#3 >,line 1,in <module >
      100 ==true
NameError:name 'true' is not defined
>>>(100 >10) ==True      #注意两个等号是判断表达式
      True
```

2.3　数 据 类 型

2.3.1　数据类型概述

计算机对数据进行运算时，需要明确数据的类型和含义。例如，对于数据 100101，计算机需要明确地知道这个数据是十进制数字 100101 还是二进制数字 100101，或是像名字一样的一个字符串 '100101'。不仅对计算机，即使对人来说，也需要清楚数字所表达的基本类型及含义。数据类型用来表达数据的含义，消除计算机对数据理解的二义性。

Python 语言支持多种数据类型，最简单的包括数字类型、字符串类型，略微复杂的包括元组类型、集合类型、列表类型、字典类型等。为了能够较好地学习 Python 语言语法，这里先简要介绍数字类型和字符串类型的概念，这两种类型更深入的内容将在第 3 章详细介绍。

2.3.2　数字类型

表示数字或数值的数据类型称为数字类型。Python 语言提供了 3 种数字类型：整数、浮点数和复数，分别对应数学中的整数、小数和复数。这里先简要介绍整数和浮点数类型。

整数类型与数学中的整数相一致，没有取值范围限制，可正可负。一个整数值可以表示为十进制、十六进制、八进制和二进制等不同进制形式。例如十进制整数 1010，其各种进制的数据分别如下：

十六进制：3F2

八进制：1762

二进制：001111110010

```
>>>1010 ==0x3F2      #注意两个等号是判断表达式
True
```

```
>>>0o1762 +0b001111110010 ==0x3F2* 2     #注意两个等号是判断表达式
    False
```

程序设计中经常会使用十进制、十六进制、八进制和二进制这四种进制形式，无论哪种进制形式，其所对应的值都是可以直接比较的。如十六进制数3F2和十进制数1010值相等。

```
>>>0x3F2 ==1010     #注意两个等号是判断表达式
    True
```

浮点数类型与数学中的小数相一致，基本没有取值范围，可正可负。一个浮点数可以表示为带有小数点的一般形式，也可以采用科学计数法表示。浮点数只有十进制形式。例如浮点数123.456，两种表示方式如下：

一般形式：123.456

科学计数法：1.23456e2

复数类型与数学中的复数相一致，采用a + bj的形式表示，存在实部和虚部。

2.3.3 字符串类型

计算机程序经常用于处理文本信息，文本信息在程序中使用字符串类型来表示。字符串是字符的序列，在Python语言中采用一对双引号（""）或者一对单引号（''）括起来的一个或多个字符来表示。其中，双引号和单引号作用相同。

作为字符序列，字符串可以对其中单个字符或字符片段进行索引。字符串包括两种序号体系：正向递增序号和反向递减序号，如图2-2所示。

图2-2 Python 字符串的两种序号体系

如果字符串长度为L，正向递增序号以最左侧字符序列号为0，向右依次递增，最右侧字符序号为L-1；反向递减序号以最右侧字符序号为-1，向左依次递减，最左侧字符序号为-L。这两种索引字符的方法可以同时使用。对单个字符的索引实例如下。

```
>>>"对酒当歌,人生几何?"[1]
酒
>>>"对酒当歌,人生几何?"[-1]
?
>>>"对酒当歌,人生几何?"[3]
歌
>>>"对酒当歌,人生几何?"[-3]
几
```

可以采用［N:M］格式获取字符串的子串，这个操作被形象地称为切片。［N:M］获取
字符串中从 N 到 M（但不包含 M）间连续的子字符串，其中，N 和 M 为字符串索引序号，
可以混合使用正向递增序号和反向递减序号。如：

```
>>>"对酒当歌,人生几何?"[2,4]
当歌
>>>"对酒当歌,人生几何?"[5,-2]
人生几
>>>"对酒当歌,人生几何?"[4,2]
' '
>>>"对酒当歌,人生几何?"[2,2]
' '
```

可以通过 Python 默认提供的 len( ) 函数来获取字符串的长度，一个中文字符和一个西
文字符的长度一样，都记为 1。

```
>>>len("对酒当歌,人生几何?")
10
>>>len("Hello World")  #空一格长度记为1
11
```

这里仅介绍字符串的基本概念和最基本的索引与切片操作，用于理解 Python 基本语法
元素，更多字符串的内容请参考第 3 章及后续章节内容。

2.4　程序的语句元素

2.4.1　表达式

产生或计算新数据值的代码片段称为表达式。表达式相似于数学中的计算公式，以表达
单一功能为目的，运算后产生运算结果。运算结果的类型由运算符或计算机的操作符号
（操作符）决定。如：

```
>>>1024 * 32
32768
>>>"对酒当歌,人生几何?"+"譬如朝露,去日苦多。"
'对酒当歌,人生几何? 譬如朝露,去日苦多。'
>>>1024 >32
True    #True 是操作符
```

表达式一般由数据和操作符等构成，是构成 Python 语句的重要部分。

2.4.2　赋值语句

对变量进行赋值的一行代码称为赋值语句。在 Python 语言中，"＝"表示"赋值"，即

将等号右侧的表达式计算后的结果值赋给左侧变量。赋值语句的一般形式如下：

变量 = 表达式

```
>>> a = 1024 * 32   #这一行表示赋值语句,将右边计算的值赋给左边变量 a
>>> print(a)
32768
```

在 Python 程序中，赋值语句使用等号（=）表达，而值相等的判断使用双等号（==）表达。双等号判断后的结果是 True（真）或 False（假），分别对应值相等或值不相等。

还有一种同步赋值语句，同时给多个变量赋值，基本格式如下：

变量 1，…，变量 N = 表达式 1，…，表达式 N

同步赋值会同时运算等号右侧的所有表达式，并一次性且同时将右侧表达式结果分别赋值给左侧的对应变量。同步赋值的一个应用是同时给多个变量赋值。如：

```
>>> n = 3
>>> x,y = n +1,n +2   #将 n +1 赋给变量 x,将 n +2 赋给 y
>>> x
4
>>> y
5
```

同步赋值的另一个应用是互换变量的值。例如，互换两个变量 x 和 y 的值，代码如下：

```
>>> x,y = y,x
```

2.4.3　引用（导入）

Python 程序会经常使用当前程序之外已有的功能代码，这个过程叫引用。Python 语言使用 import 保留字引用当前程序以外的功能库，使用方式如下：

```
import 功能库名称
```

引用（导入）功能库之后，采用"功能库名称.函数名称()"方式调用具体功能，这种方式简称为 A.B() 方式。扩展来说，带有点（.）的 A.B 或 A.B() 使用方式是面向对象的访问方式，其中 A 是对象名称，B 是属性或方法名称。

以下是调用 turtle 库进行绘图操作的程序：

```
import turtle          #引用(导入)turtle 函数绘图功能库
turtle. fd( -200)      #fd()是 turtle 函数库中移动距离函数
turtle. right(90)      #right()是 turtle 函数库中右转角度函数
turtle. circle(200)    #circle()是 turtle 函数库中绘制圆形函数
```

上述程序代码运行后的效果如图 2 - 3 所示。

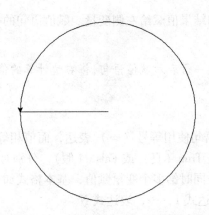

图 2-3 Python 的 turtle 库绘图实例效果

2.4.4 其他语句

除了赋值语句外，Python 程序还包括一些其他的语句类型，例如分支语句和循环语句等。更多的分支和循环内容将在第 4 章介绍。这里仅简要介绍这两类语句的基本使用。

分支语句是控制程序运行的一种语句，它的作用是根据判断条件选择程序执行路径，分支语句包括单分支、二分支和多分支。

单分支语句是最简单的分支语句，使用方式如下：

```
if 条件表达式：
    语句块
```

任何能够产生 True 或 False 的语句都可以作为条件，当条件为 True（真）时，则执行语句块中的内容。

以下是判断输入整数是否在［0,100］之间的程序代码：

```
num = eval(input("请输入一个整数:"))  #eval()是转换函数,下一节讲解。
if 0 <= num <= 100:  #判断[0,100]
    print("输入整数在 0 到 100 之间(含)")
```

二分支语句是覆盖单个条件所有路径的一种分支语句，使用方式如下：

```
if 条件表达式：
    语句块 1
else:
    语句块 2
```

当条件为 True 时，执行语句块 1；当条件为 False 时，执行语句块 2。其中，if、else 都是保留字。又如程序代码：

```
num = eval(input("请输入一个数字:"))
if num > 100:
    print("输入的数字大于100。")
else:
    print("输入的数字小于等于100。")
```

循环语句是控制程序运行的一类重要语句，与分支语句控制程序执行类似，它的作用是根据判断条件确定一段程序是否再次执行一次或者多次。循环语句包括遍历循环和条件循环。

条件循环的基本过程如下：

```
while(条件表达式)：
        语句块1
语句块2
```

当条件为 True（真）时，执行语句块1，然后再次判断条件；当条件为 False（假）时，退出循环，执行语句块2。

以下是输出 10 ~ 100 步长为 3 的全部整数程序代码：

```
n =10
while n <100：
        print(n,end =" ")
        n =n +3
```

2.5   基本输入/输出函数

Python 程序设计中有 3 个重要的基本输入、输出函数，用于输入、转换和输出，分别是 input( )、eval( ) 和 print( )。

2.5.1   input( ) 函数

input( ) 函数从控制台获得用户的一行输入，无论用户输入什么内容，input( ) 函数都以字符串类型返回结果。input( ) 函数可以包含一些提示性文字，用来提示用户，使用方法如下：

```
变量 =input(提示性字符串文字)
```

需要注意的是，无论用户输入的是字符还是数字，input( ) 函数统一按照字符串类型输出。为了在后续能够操作用户输入的信息，需要将输入指定一个变量，例如。

```
>>> a = input("请输入:")
请输入:123.456
>>> a
'123.456'
>>> a = input("请输入:")
请输入:a +b +c +d
>>> a
'a +b +c +d'
>>> a = input("请输入:")
请输入:[1,2,3,"a","b","c"]
```

```
>>> a
'[1,2,3,"a","b","c"]'
```

input() 函数的提示性文字是可选的，且不具备对输入判断的强制性，程序可以不设置提示性文字而直接使用 input() 获取输入。

```
>>> a = input()
|1,2,3,4 |
>>> a
' |1,2,3,4 |'
```

2.5.2　eval() 函数

eval(s) 函数将去掉字符串 s 最外侧的引号，并按照 Python 语句方式执行去掉引号后的字符内容，使用方式如下：

```
变量 = eval(字符串)
```

其中，变量用来保存对字符串内容进行 Python 运算的结果，例如：

```
>>> a = eval("1.2")
>>> a
1.2
>>> a = eval("1.2 + 3.4")
>>> a
4.6
```

上述第一个例子中，eval() 函数去掉了字符串"1.2"最外侧引号，结果赋值给 a，a 表示一个浮点数 1.2；第二个例子中，eval() 函数去掉了字符串"1.2 + 3.4"最外侧引号，将其内容当作 Python 语句进行运算，运算结果为 4.6，保存到变量 a 中。

再观察如下实例：

```
>>> a = eval("pybook")
Traceback(most recent call last):
  File" <pyshel#2 >",line 1,in <module >
    eval("pybook")
  File " < string >",line 1,in <module >
    NameError:name 'pybook 'is not defined

>>> pybook = 123
>>> a = eval("pybook")
>>> a
123

>>> a = eval("'pybook'")
>>> print(a)
```

```
pybook
```

当 eval( ) 函数处理字符串"pybook"时，字符串去掉两个引号后，Python 语句将其解释为一个变量，由于之前没有定义过变量 pybook，因此解释器报错。如果定义变量 pybook 并赋值为 123，则再运行这个语句将没有问题，a 的输出结果是 123。当 eval( ) 函数处理字符串'pybook'时，eval( ) 函数去掉最外侧双引号后，内部还有一个引号，'pybook'被解释为字符串。

eval( ) 函数经常和 input( ) 函数一起使用，用来获取用户输入的数字，使用方式如下：

```
变量 = eval(input(提示性字符串文字))
```

此时用户输入的数字包括小数和负数，input( ) 解析为字符串，经由 eval( ) 去掉字符串引号，将被直接解析为数字保存到变量中，例如：

```
>>> value = eval(input("请输入:"))
请输入:1024.256
>>> print(value* 2)
2048.512
```

上述程序等价于：

```
>>> s = input("请输入:")
请输入:1024.256
>>> value = eval(s)
>>> print(value* 2)
2048.512
```

2.5.3　print( ) 函数

print( ) 函数用于输出运算结果。根据输出内容的不同，有 3 种用法。
第一种，仅用于输出字符串或单个常量，使用方式如下：

```
print(待输出字符串或常量)
```

```
>>> print("世界和平")
世界和平
>>> print(10.01)
10.01
>>> print([1,2,3,4])
[1,2,3,4]
```

对于字符串，print( ) 函数输出后，将去掉两侧双引号或单引号，输出结果是可打印字符。对于其他类型，直接输出表示，作为打印字符。

```
>>> print(["a","b","c"])
['a','b','C']
```

如上例所示，当 print( ) 输出字符串表示时，字符串统一采用单引号形式表达。该例中，列表中的元素"a""b"和"c"等以字符串形式被 print( ) 函数打印输出，输出结果采用单引号形式：'a''b'和'c'。

第二种，仅用于输出一个或多个变量，使用方式如下：

```
print(变量 1,变量 2,…,变量 n)
```

输出后的各变量值之间用一个空格分隔，例如。

```
>>> value =123.456
>>> print(value,value,value)
123.456 123.456 123.456
>>> print("Python 语言","最","受欢迎")
Python 语言 最 受欢迎
```

第三种，用于混合输出字符串与变量值，使用方式如下：

```
print(输出字符串模板.format(变量 1,变量 2,…,变量 n))
```

其中，输出字符串模板中，采用 { } 表示一个槽位置，每个槽位置对应 .forma( ) 中的一个变量，例如：

```
>>> a,b =123.456,1024
>>> print("数字{ }和数字{ }的乘积是{ }".format(a,b,a*b))
数字 123.456 和数字 1024 的乘积是 126418.944
```

其中，"数字{ }和数字{ }的乘积是{ }"是输出字符串模板，即混合字符串和变量的输出样式。大括号 { } 表示一个槽位置，括号中的内容由后面紧跟的 format( ) 方法中的参数按顺序填充，更多的字符串格式化方法将在第 3 章深入介绍。

print( ) 函数输出文本时，默认会在最后增加一个换行，如果不希望在最后增加这个换行，或者希望输出文本后增加其他内容，可以对 print( ) 函数的 end 参数进行赋值，使用方式如下：

```
print(待输出内容,end ="增加的输出结尾")
```

```
>>> a =24
>>> print(a,end =". ")
24.
>>> print(a,end ="% ")
24%
```

如果将上述代码写在一个文件中，如下所示，则执行后的结果是 24.24% 。可以看到，每次执行的 print( ) 函数并没有产生换行。如：

```
a =24
print(a,end =". ")
print(a,end ="% ")
```

2.6　实例解析

如果从键盘上输入一段文字，所编写的程序中要使用input()函数，要求计算机程序对输入的一段文字采用"倒叙"方式将它显示出来，并用print()函数输出（形如"倒背如流"）。该程序的输入和输出实例如下：

输入：To be or not to be, that's a question.（生存还是毁灭，这是一个值得考虑的问题。）——莎士比亚

输出：亚比士莎——）。题问的虑考得值个一是这，灭毁是还存生（. noitseuq a s'taht, eb ot ton ro eb oT

说明：输入的一段文字和符号（统称为字符串）用 s 表示，采用 Python 语言的循环语句依次从后向前反向提取字符，并逐个打印输出。

为了完成上述功能，需要利用获取字符串长度的函数 len()。

实例方法 1：

```
s = input("请输入一段文本:")
i = len(s) - 1
while i >= 0:
    print(s[i],end = "")
    i = i - 1
```

其中，print()函数的 end 参数表示当输出字符串后，以何种符号结尾。默认情况下，每输出一个内容，会在输出后增加一个换行，至下一行进行后续输出。这里通过设置 end 参数为""，表示打印后不增加任何换行信息，实现多个 print()函数内容的连续输出。

实例方法 2：

```
s = input("请输入一段文本:")
i = -1
while i >= -1* len(s):
    print(s[i],end = "")
    i = i - 1
```

实例方法 3：给出显示一段文字"倒叙"更简洁的编写程序方法。

```
s = input("请输入一段文本:")
print(s[::-1])
```

实例方法 3 采用了字符串的高级切片方法，详细内容将在后续课程中介绍。

通过以上实例，可以看出：Python 语言程序更优美、明了、简洁，可读性更强。

 **本章小结**

本章具体讲解了编写 Python 语言程序需要知道的一些基本概念，初步介绍了 Python 语

言编写程序的基本语法元素，讲解了编写 Python 语言程序的格式框架、语法元素的名称、数据类型、程序的语句元素、基本输入和输出函数等内容，进一步给出了编写 Python 语言源程序书写风格的思考和建议，帮助读者初步建立编写优美程序的基本观念。

习 题 2

一、选择题

1. 以下不是 Python 语言的保留字的是（　　）。

A. False   B. and   C. true   D. if

2. s = "0123456789"，以下（　　）表示 "0123"。

A. s[1:5]   B. s[0:4]   C. s[0:3]   D. s[-10:-5]

3. x = 2，y = 3，执行 x, y = y, x 之后，x 和 y 的值分别是（　　）。

A. 2，3   B. 3，2   C. 2，2   D. 3，3

4. 以下不是 Python 的注释方式是（　　）。

A. #注释一行   B. #注释第一行
                                             #注释第二行

C. //注释第一行   D. """Python 文档注释"""

5. 以下变量名不合法的是（　　）。

A. for   B. _my   C. a_int   D. c666

6. len("hello world!") 的输出结果为（　　）。

A. 10   B. 11   C. 9   D. 12

7. 以下赋值语句中，合法的是（　　）。

A. x = 2, y = 3   B. x = y = 3   C. x = 2 y = 3   D. x = (y = 3)

8. "世界很大"+"人很渺小" 的输出结果是（　　）。

A. 世界很大人很渺小   B. "世界很大""人很渺小"

C. "世界很大"+"人很渺小"   D. 世界很大 + 人很渺小

9. "世界那么大，我想去看看"[7,-3] 输出（　　）。

A. 我想去   B. 想去   C. 我想   D. 想

10. 与 0xF2 值相等的是（　　）。

A. 342   B. 242   C. 0b11010010   D. o362

二、编程题

1. 获得用户输入的一个整数 N，计算并输出 N 的 32 次方。

2. 获得用户输入的一段文字，将这段文字进行垂直输出。

3. 获得用户输入的一个合法算式，例如 1.2 + 3.4，输出运算结果。

4. 获得用户输入的一个小数，提取并输出其整数部分。

5. 下面这段代码能够获得用户输入的一个整数 N，计算并输出 1 ~ N 相加的和。然而这段代码存在多处语法错误，请指出错误所在并纠正。

```
n = input("请输入整数 N:");
sum = 0
for i in range(n)
     sum += i + 1
print("1 到 N 求和结果:". format(sum))
```

第 3 章

基本数据类型

学习目标

- 掌握 3 种数字类型的概念和使用方法。
- 了解 3 种数字类型在计算机中的表示方法。
- 运用 Python 的标准数学库进行数值运算。
- 掌握字符串类型的概念和使用。
- 掌握字符串类型的格式化操作方法和应用。

3.1　数字类型

Python 语言提供了 3 种数字类型：整数类型、浮点数类型和复数类型，分别对应数学中的整数、实数和复数。例如，1010 是一个整数类型，10.10 是一个浮点数类型，10 + 10j 是一个复数类型。

3.1.1　整数类型

整数类型与数学中整数的概念一致，理论上的取值范围是（ − ∞ ， + ∞ ），实际上，只要计算机内存能够存储 Python 程序，可以使用任意大小的整数。一般认为整数类型没有取值范围限制。

整数类型有 4 种进制表示：十进制、二进制、八进制和十六进制。默认情况下，整数采用十进制，其他进制需要增加引导符号，见表 3 − 1 。二进制数以 0b 引导，八进制数以 0o 引导，十六进制数以 0x 引导，其中字母采用大小写字母均可。下面是整数类型的例子：

1010， − 1010， 0b1010， 0o1010， 0x101

表 3 − 1　整数类型的 4 种进制表示

进制种类	引导符号	描述
十进制	无	默认情况，如 1010， − 1010
二进制	0b 或 0B	由字符 0 和 1 组成，如 0b1010，0B1010
八进制	0o 或 0O	由字符 0 到 7 组成，如 0o1010，0O1010
十六进制	0x 或 0X	由字符 0 ~ 9、a ~ f 或 A ~ F 组成，如 0x1010，0X1010

进制只是整数值表示的展示形式，用于辅助程序员更好地开发程序，程序处理是只要数值相同就没有区别。不同进制的整数之间可以直接运算或比较。程序无论采用哪种进制表达数据，计算机内部都以相同格式存储数值，因此，进制之间的运算结果默认以十进制方式显示。如例 3.1 所示。

【例 3.1】

```
>>>(0x3F2 +1010)/0o1762          #十六进制数 3F2 和十进制数 1010 相加，
                                 #然后除以八进制数 1762
2.0                              #结果为十进制数 2.0
>>>0b1010 +0x1010 +0o1010 +1010  #二进制数 1010、十六进制数 1010、八进
                                 #制数 1010 和十进制数相加求和
5652                             #结果为十进制数 5652
>>>0x1010 >0o1010                #判断十六进制数 1010 是否大于八进制数
                                 #1010
True                             #判断结果是大于的,返回"True"
```

```
>>> 0x1010 == 4112                    #判断十六进制数 1010 是否等于十进制
                                      #数 4112
True                                  #判断结果是等于的,返回"True"
```

3.1.2 浮点数类型

浮点数类型与数学中实数的概念一致,表示带有小数的数值。Python 语言中的浮点数类型必须带有小数部分,小数部分可以是 0。例如,1010 是整数,1010.0 是浮点数。

浮点数有两种表示方法:十进制形式的一般表示及科学计数法表示。除十进制外,浮点数没有其他进制表示形式。下面是浮点数类型的例子:

1011.0, -1011, 1.01e3, -1.01E-3

科学计数法使用字母 e 或者 E 作为幂的符号,以 10 为基数,含义如下:

$<a> e <b> = a \times 10^b$

上例中,1.01e3 值为 1010.0; -1.01E-3 值为 -0.00101。

Python 浮点数类型的数值范围和小数精度受不同计算机系统的限制,一般来说,浮点数的数值范围为 $-10^{308} \sim 10^{308}$,浮点数之间的区分精度约为 2.22×10^{-16}。对于除高精度科学计算外的绝大部分运算来说,浮点数类型的数值范围和小数精度足够"可靠",一般认为浮点数类型没有范围限制,如例 3.2 所示。

【例 3.2】

```
>>> 1.01 + 2.03                       #浮点数相加
3.04
>>> 1234567890.987654321 * 1234567890.987654321    #浮点数相乘
1.5241578774577044e+18
>>> 9876543210.123456789/1234567890.987654321      #浮点数相除
8.000000066600002
```

1010 是整数,1010.0 是浮点数,它们的值相等,但进行幂运算的结果却可能不同。pow(x,y) 是 Python 的内置函数,用来计算 x^y 的值。例如,如例 3.3 所示,分别对整数和浮点数进行幂运算,可以看出,整数的运算精度比浮点数的更高。

【例 3.3】

```
>>> pow(1010,32)          #计算 1010 的 32 次幂
1374940678531097054162291350571104044956417832049380936096496320100
00000000000000000000000000000000
>>> pow(1010.0,32)        #计算 1010.0 的 32 次幂
1.3749406785310972e+96
```

Python 语言的浮点数运算存在一个"不确定尾数"问题,即两个浮点数运算,有一定概率在运算结果后增加一些"不确定尾数",如例 3.4 所示。

【例 3.4】

```
>>> 0.1 + 0.2             #浮点数相加
0.30000000000000004      #结果出现了尾数
```

0.1 + 0.2 的运算结果应该是 0.3，但程序实际的结果是 0.30000000000000004，多了一个尾数 4。这不是计算机运行的错误，而是正常情况，这是为什么呢？

在计算机内部，使用二进制表示浮点数，0.1 对应的二进制表示如下：

0.0001100110011001

受限于计算机表示浮点数使用的存储宽度，这个二进制数并不完全等于 0.1，而是计算机所能表示的最接近 0.1 的二进制数。0.1 + 0.2 的运算在计算机内部是最接近 0.1 和 0.2 两个数的加运算，因此，产生的数字接近 0.3，但未必是最接近的，反映到十进制表示上，可能产生一个尾数，至于这个尾数具体是多少，计算机内部会根据二进制运算确定产生。然而，这个尾数是不确定的，本书称为"不确定尾数"。不确定尾数问题在其他编程语言中也会出现，这是程序设计语言的共性问题。

不确定尾数问题将会对浮点数运算结果的判断造成一定困扰，如例 3.5 所示。

【例 3.5】

```
>>> 0.1 + 0.2 == 0.3        #判断 0.1 + 0.2 的和是否等于 0.3
False                       #结果为假,0.1 + 0.2 不等于 0.3
```

0.1 + 0.2 的运算结果存在不确定尾数，与 0.3 是否相等的判断会出错。为了解决 Python 语言中不确定尾数问题，即将浮点数运算去掉不确定尾数，可以使用 round() 函数。

round(x,d) 是一个四舍五入函数，能够对 x 进行四舍五入操作，其中参数 d 指定保留的小数位数，如例 3.6 所示。

【例 3.6】

```
>>> round(1.2346,2)        #1.2346 四舍五入保留 2 位小数
1.23
>>> round(1.2346,3)        #1.2346 四舍五入保留 3 位小数
1.235
```

由于不确定尾数仅存在于浮点数运算的末尾，可以使用 round() 函数限定运算结果保留的位数，以去掉不确定尾数，并可以采用该运算结果与其他数值进行比较。如例 3.7 所示。

【例 3.7】

```
>>> round(0.1 + 0.2,3)          #0.1 + 0.2 运算的结果,四舍五入保留 3 位小数
0.3
>>> round(0.1 + 0.2,3) == 0.3
True
```

在利用浮点数进行比较和运算时，结合实际情况考虑需要比较的精度，并使用 round() 函数进行位数控制再进行比较。这样的处理能够避免不确定尾数的干扰。

3.1.3 复数类型

复数类型表示数学中的复数。复数有一个基本单位元素 j，它被定义为 $j = \sqrt{-1}$，称为虚数单位。含有虚数单位的数被称为复数。例如：

11.3 + 4j   −5.6 + 7j   1.23e − 4 + 5.67e + 89j

Python 语言中，复数可以看作是二元有序实数对（a，b），表示 a + bj，其中，a 是实数部分，简称实部，b 是虚数部分，简称虚部。虚数部分通过后缀"J"或者"j"来表示。需要注意的是，当 b 为 1 时，1 不能省略，即 1j 表示复数，而 j 则表示 Python 程序中的一个变量。

复数类型中实部和虚部都是浮点类型，对于复数 x，可以用 z. real 和 z. imag 分别获得它的实数部分和虚数部分。如例 3.8 所示。

【例 3.8】

```
>>>(1.23e4 +5.67e4j). real        #计算复数的实部
12300.0
>>>(1.23e4 +5.67e4j). imag        #计算复数的虚部
56700.0
>>>1.23e4 +5.67e4j. imag          #先获得实部,再与虚部进行求和计算
69000.0
```

复数类型在科学计算中十分常见，基于复数的运算属于数学的复变函数分支，该分支有效支撑了众多科学和工程问题的数学表示和求解。Python 直接支持复数类型，为这类运算求解提供了便利。

3.2 数字类型的运算

3.2.1 数值运算操作符

Python 提供了 9 个基本的数值运算操作符，见表 3 - 2。这 9 个操作符与数学习惯一致，运算结果也符合数学意义。

表 3 - 2 数值运算操作符

操作符及运算	描述
x + y	x 和 y 之和
x - y	x 与 y 之差
x * y	x 与 y 之积
x/y	x 与 y 之商，产生结果为浮点数
x//y	x 与 y 的整数商，即不大于 x 与 y 的商的最大整数
x% y	x 与 y 的商的余数，也称为模运算
- x	x 的负值，即 x * (- 1)
+ x	+ x 本身
x**y	x 的 y 次幂，即 x^y

【例3.9】

```
>>>1.23e4 +5.67e4        #求1.23乘以10的4次方和5.67乘以10的4次方之和
69000.0
>>>1.23e4 −5.67e4        #求1.23乘以10的4次方和5.67乘以10的4次方之差
−44400.0
>>>1.23e4 * 5.67e4       #求1.23乘以10的4次方和5.67乘以10的4次方之积
697410000.0
>>>10/3                  #求10除以3的商
3.3333333333333335
>>>1010//3               #求1010除以3的整数商
336
>>>1010%3                #求1010除以3的余数
2
>>> +1010                #求正1010
1010
>>>−1010                 #求负1010
−1010
>>>1010**3               #求1010的3次幂
1030301000
```

加减乘除运算与数学中的含义相同，不再赘述。Python 额外提供了整数除（//）运算，即产生不大于 x 与 y 的商的最大整数。

模运算（%）在编程中十分常用，主要应用于具有周期规律的场景。例如，一个星期7天，用 day 代表日期，则 day%7 可以表示星期几，如0代表星期日、1代表星期一等；对于一个整数 n，n%2 的取值是0或者1，可以用于判断整数 n 的奇偶性。本质上，整数的模运算 n%m 能够将整数 n 映射到 [0,m−1] 的区间中。

数值运算可能改变结果的数据类型，类型的改变与运算符有关，有如下基本规则：

- 整数和浮点数混合运算，输出结果是浮点数；
- 整数之间的运算，产生的结果类型与操作符相关，除法运算（/）的结果是浮点数；
- 整数或浮点数与复数运算，输出结果是复数。

考察如下一些实例，分析运算规则。

【例3.10】

```
>>>1010/10              #/运算的结果是浮点数
101.0
>>>1010.0//3            #浮点数与整数运算,结果是浮点数
336.0
>>>1010.0%3             #浮点数与整数运算,结果是浮点数
2.0
>>>10 −(1 +j)           #等价于(10 −1) −j
(9 −j)
```

表3-2中所有的二元运算操作符（+、-、*、/、//、%、**）都可以与赋值符号（=）相连，形成增强赋值操作符（+=、-=、*=、/=、//=、%=、**=）。用op表示这些二元操作运算操作符，增强赋值操作符的用法如下：

x op = y

等价于

x = x op y

增强赋值操作符能够简化对同一变量赋值语句的表达。

增强赋值操作符中op和=之间不能有空格。

【例3.11】

```
>>> x = 99
>>> x ** = 3          #与 x = x ** 3 等价
>>> print(x)          #x = 970299
>>> x += 1            #与 x = x + 1 等价
>>> print(x)
970300
>>> x% = 88           #与 x = x%88 等价
>>> print(x)
12
```

3.2.2 数值运算函数

函数不同于操作符，其表现为对参数的特定运算。Python解释器自身提供了一些预装函数，称为"内置函数"。在这些内置函数中，有一些与数值运算相关，见表3-3。

表3-3 内置的数值运算函数

函数	描述
abs(x)	x的绝对值
divmod(x,y)	(x//y,x%y)，输出形式为二元组形式（也称为元组类型）
pow(x,y) 或 pow(x,y,z)	x**y 或 (x**y)%z，幂运算
round(x) 或 round(x,d)	对x四舍五入，保留d位小数，若无参数d，则返回四舍五入的整数
max($x^1,x^2,\cdots,x^n$)	x^1，x^2，…，x^n的最大值，n没有限定，可以任意数量
min($x^1,x^2,\cdots,x^n$)	x^1，x^2，…，x^n的最小值，n没有限定，可以任意数量

abs(x)用于计算整数或浮点数x的绝对值，结果为非负数值。该函数也可以计算复数的绝对值。复数以实部和虚部为二维坐标系的横、纵坐标值，其绝对值是坐标到原点的距离。例如，复数z=a+bj，其绝对值abs(z)为$\sqrt{a^2+b^2}$。由于实部和虚部都是浮点数，所以复数的绝对值也是浮点数。如例3.12所示。

【例 3.12】

```
>>> abs( -30)              #求( -30)的绝对值
30
>>> abs( -30 +40j)        #求√30² +40²的值
50.0
```

divmod(x,y) 函数用来计算 x 和 y 的除余结果，返回两个值，分别是：x 与 y 的整数除，即 x//y，以及 x 与 y 的余数，即 x%y。返回的两个值组成了一个元组类型，即小括号包含的两个元素。可以通过赋值方式将结果同时反馈给两个变量。如例 3.13 所示。

【例 3.13】

```
>>> divmod(100,9)          #求 100/9 的整数商和余数
(11,1)
>>> a,b =divmod(100,9)     #100/9 的整数商和余数分别赋值给 a,b
>>> a
11
>>> b
1
```

pow(x,y) 用来计算 x 的 y 次幂，与 x**y 相同；pow(x,y,z) 用来计算 x^y/z，模运算与幂运算同时进行，速度更快。如例 3.14 所示。

【例 3.14】

```
>>> pow(10,2)              #计算 10 的 2 次幂
100
>>> pow(0x1010,0b1010)
1382073245479425468920150911010996224
>>> pow(55,1999,2019)      #计算 55 的 1999 次幂除 2019 的余数
829
>>> pow(55,1999)%2019      #计算 55 的 1999 次幂除 2019 的余数
829
```

round(x) 对整数或浮点数 x 进行四舍五入运算。round(x,d) 对浮点数 x 进行带有 d 位小数的四舍五入运算。需要注意的是，"四舍五入"只是一个约定说法，并非所有的 0.5 都会被进位。对于 x.5，当 x 为偶数时，x.5 并不进位，如 round(0.5) 的值为 0；当 x 为奇数时，x.5 进位，如 round(1.5) 的值为 2。这是由于 x.5 严格处于两个整数之间，从"平等价值"角度，将所有 x.5 情况分为两类，采用"奇进偶不进"的方式运算。但对于 x.50001 这种非对称情况，则按照进位法则处理。如例 3.15 所示。

【例 3.15】

```
>>> round(1.4)             #对 1.4 进行四舍五入运算
1
>>> round(0.5)             #对 0.5 进行四舍五入运算
```

```
0
>>> round(1.5)              #对 1.5 进行四舍五入运算
2
>>> round(0.50001)          #对 0.50001 进行四舍五入运算
1
>>> round(3.1415926,3)      #对 3.1415926 进行四舍五入运算,保留 3 位小数
3.142
```

min( ) 和 max( ) 可以对任意多个数字进行最小值或最大值比较,并输出结果。如例 3.16 所示。

【例 3.16】

```
>>>min(1,2,3,4,5,0.1)            #求 1,2,3,4,5,0.1 的最小值
0.1
>>>max(1,2,3,4,5,0.1)            #求 1,2,3,4,5,0.1 的最大值
5
```

3.3 字符串类型及格式化

字符串是字符的序列表示。根据字符串的内容多少,分为单行字符串和多行字符串。

单行字符串可以用单引号(')或双引号(")作为边界来表示,单引号和双引号作用相同。当使用单引号时,双引号可以作为字符串的一部分;使用双引号时,单引号可以作为字符串的一部分。

多行字符串可以用三单引号(''')或三双引号(""")作为边界来表示,两者作用相同。实例如例 3.17 所示。

【例 3.17】

```
>>>print('这是"单行字符串"')              #输出单行字符串
这是"单行字符串"
>>>print("这是'单行字符串'")              #输出单行字符串
这是'单行字符串'
>>>print("""这是'多行字符串'的第一行       #输出多行字符串
这是'多行字符串'的第二行
""")
这是'多行字符串'的第一行
这是'多行字符串'的第二行
>>>print('''这是"多行字符串"的第一行        #输出多行字符串
这是"多行字符串"的第二行
''')
这是"多行字符串"的第一行
这是"多行字符串"的第二行
```

多行字符串用于大段文本的情况，一般采用变量表示。

```
s = '''这是"多行字符串"的第一行
这是"多行字符串"的第二行
'''
Print(s)
```

反斜杠字符（\）是一个特殊字符，在 Python 字符串中表示"转义"，即该字符与后面相邻的一个字符共同组成了新的含义。例如，\n 表示换行、\\ 表示反斜杠、\' 表示单引号、\" 表示双引号、\t 表示制表符（Tab）等。

如果在字符串中既需要出现单引号，又需要出现双引号，则需使用转义符。如例 3.18 所示。

【例 3.18】

```
>>> print("这里 \n 有一个换行")        #输出带有换行的字符串
这里
有一个换行
>>> print("这里 \\有一个反斜杠")
这里 \有一个反斜杠
>>> print("既需要'单引号'又需要 \"双引号 \"")
既需要'单引号又需要"双引号"
>>> print("这里 \t 有一个制表符")
这里有一个制表符
```

反斜杠字符（\）还有一个额外作用：续行。有的时候，需要在一行中表达的程序逻辑较多，编辑器无法有效编写，或者从美观和可读性角度，通常需要将一行代码分写在连续的不同行上，这时就需要续行符号。续行符号不一定用在字符串中，它可以用在更广泛的代码编写中，如例 3.19 所示。

【例 3.19】

```
a = 15                      #定义一个变量a,值为15
if(a >10 and a <100)or \    #如果a大于10,并且小于100,或者a小于-10并且
    (a <-10 and a >-100)#大于-100,输出"BINGO"
  print("BINGO")
```

3.3.1 字符串的索引

对字符串中某个字符的检索称为索引。索引的使用方式如下：

```
<字符串或字符串变量 >[序号]
```

字符串包括两种序号体系：正向递增序号和反向递减序号。

如果字符串长度为 L，正向递增需要以最左侧字符序号为 0，向右依次递增，最右侧字符序号为 L-1；反向递减序号以最右侧字符序号为 -1，向左依次递减，最左侧字符序号为 -L。这两种索引字符的方法可以同时使用。

字符串以 Unicode 编码存储，字符串的英文字符和中文字符都认为是 1 个字符。如例 3. 20 所示。

【例 3. 20】

```
>>> "青青子衿,悠悠我心。"[ -5]        #注意:标点符号也是字符,求倒数第五个位置
                                      #的字符
'悠'
>>> s ="青青子衿,悠悠我心。"          #求 s[5]的字符
>>> s[5]
'悠'
```

IDLE 交互式环境默认输出单引号字符串形式，这与双引号形式的字符串作用一样，两者没有区别。

3. 3. 2　字符串的切片

对字符串中某个子串或区间的检索称为切片。切片的使用方式如下：

```
<字符串或字符串变量 >[N:M]
```

切片获取字符串中从 N 到 M （不包含 M） 的子字符串。其中，N 和 M 为字符串的索引序号，可以混合使用正向递增序码和反向递减序号。切片要求 N 和 M 都在字符串的索引区间，如果 N 大于等于 M，则返回空字符串；如果 N 缺失，则默认将 N 设为 0；如果 M 缺失，则默认表示到字符串结尾。如例 3. 21 所示。

【例 3. 21】

```
>>> "青青子衿,悠悠我心。"[2:4]        #求数组从 2 到 4 处所有的字符
'青子衿'
>>> "青青子衿,悠悠我心。"[8:4]
''
>>> "青青子衿,悠悠我心。"[:4]         #求数组从开头到 4 处所有的字符
'青青子衿'
>>> "青青子衿,悠悠我心。"[5:]         #求数组从 5 处开始到结尾所有的字符
悠悠我心。
```

在 Python 交互式编程环境中，字符串的切片操作可以直接显示结果，结果使用 ' ' 方式表示，表达结果的类型。print( ) 函数打印的字符串则没有用 ' ' 表示，输出文本字符形式。

3. 3. 3　format( ) 方法的基本使用

在字符串中整合变量时，需要使用字符串的格式化方法。字符串格式化用于解决字符串和变量同时输出时的格式安排问题。

Python 语言推荐使用 format( ) 格式化方法，其使用方法如下：

```
<模板字符串>.format(<逗号分隔符的参数>)
```

其中，模板字符串是一个由字符串和槽组成的字符串，用来控制字符串和变量的现实效果。槽用大括号 {} 表示，对应 format() 方法中逗号分隔的参数。如例 3.22 所示。

【例 3.22】

```
>>> "{}曰:学而时习之,不亦说乎。".format("孔子")
'孔子曰:学而时习之,不亦说乎。'
```

如果模板字符串有多个槽，且槽内没有指定序号，则按照槽出现的顺序分别对应 format() 方法中的不同参数。如例 3.23 所示。

【例 3.23】

```
>>> "{}曰:学而时习之,不亦说乎。".format("孔子","说乎")
'孔子曰:学而时习之,不亦说乎。'
```

format() 方法中参数根据出现的先后存在一个默认序号，如图 3-1 所示。

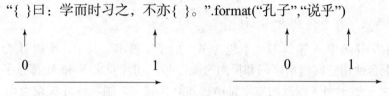

图 3-1　format() 方法的槽顺序和参数顺序

可以通过 format() 参数的序号在模板字符串槽中指定参数的使用，参数从 0 开始编号，如图 3-2 和例 3.24 所示。

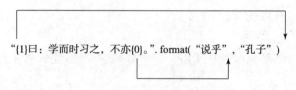

图 3-2　format() 方法的槽与参数的对应关系

【例 3.24】

```
>>> "{1}曰:学而时习之,不亦{0}。".format("说乎","孔子")
'孔子曰:学而时习之,不亦说乎。'
```

如果字符串中出现槽的数量和 format() 方法中出现的变量数量不一致，即程序不能够通过简单的顺序对应确定变量使用，则必须在槽中使用序号置顶参数，否则会产生 IndexError 的错误，如例 3.25 所示。

【例 3.25】

```
>>> "《论语》是{}弟子所著。{}曰:学而时习之,不亦说乎。".format("孔子")
Traceback(most recent call last):
```

```
    File "<pyshell#11>",line 1,in <module>
      "《论语》是{}弟子所著。{}曰:学而时习之,不亦说乎。".format("孔子")
 IndexError:tuple index out of range
 >>>"《论语》是{0}弟子所著。{0}曰:学而时习之,不亦说乎。".format("孔子")
 '《论语》是孔子弟子所著。孔子曰:学而时习之,不亦说乎。'
```

如果希望在模板字符串中直接输出大括号，使用｛｛表示｛，｝｝表示｝。如例3.26所示。

【例3.26】

```
 >>>"{1}曰:{{学而时习之,不亦说乎{0}}}。".format("说乎","孔子")
 '孔子曰:{学而时习之,不亦说乎说乎}。'
```

3.3.4　format( )方法的格式控制

format( )方法的槽除了包括参数序号外，还可以包括格式控制信息，语法格式如下：

{<参数序号>:<格式控制标记>}

其中，格式控制标记用来控制参数显示时的格式，格式内容见表3－4。

表3－4　槽中格式控制标记的字段

:	<填充>	<对齐>	<宽度>	<,>	<.精度>	<类型>
引导符号	用于填充的单个字符	<左对齐 >右对齐 ^居中对齐	槽的设定输出宽度	数字的千位分隔符 适用于整数和浮点数	浮点数小数部分的精度或字符串的最大输出长度	整数类型: B, c, d, o, x, X 浮点数类型: e, E, f,%

格式控制标记包括<填充><对齐><宽度><,><.精度><类型>6个字段，由引导符号（:）作为引导标记，这些字段都是可选的，可以组合使用。这6个格式控制标记可以分为两组。

第一组是<填充><对齐>和<宽度>，它们是相关字段，主要用于对显示格式的规范。宽度指当前槽的设定输出字符宽度，如果该槽参数实际值比宽度设定值大，则使用参数实际长度。如果该值的实际位数小于指定宽度，则按照对齐指定方式在宽度内对齐，默认以空格字符补充。对齐字段分别使用<、>和^三个符号表示左对齐、右对齐和居中对齐。填充字段可以修改默认填充字符，填充字符只能有一个。如例3.27所示。

【例3.27】

```
 >>>s ="等级考试"
 >>>"{:25}".format(s)             #左对齐,默认
 '等级考试'
 >>>"{:1}".format(s)              #指定宽度为1,不足变量s的宽度
 '等级考试'
```

```
>>> "{:^25}".format(s)              #居中对齐
'        等级考试         '
>>> "{:>25}".format(s)              #右对齐
'                 等级考试'
>>> "{:* ^25}".format(s)            #居中对齐且填充*号
'********** 等级考试***********'
>>> "{: +^25}".format(s)            #居中对齐且填充+号
'++++++++++ 等级考试 ++++++++++'
>>> "{:十^25}".format(s)             #居中对齐且填充汉字"十"
'十十十十十十十十十十等级考试十十十十十十十十十十'
>>> "{:^1}".format(s)
'等级考试'
```

格式控制标记可以用变量来表示，即用槽来指定所对应的控制标记及数量。如例3.28
所示。

【例3.28】

```
>>> "{0:{1}^25}".format(s,y)              #指定代表填充字符的变量 y
'---------- 等级考试 ----------'
>>> "{0:{1}^{2}}".format(s,y,25)          #指定代表填充字符和宽度的变量 y
                                          #和 25
'---------- 等级考试 ----------'
>>> "{0:{1}{3}{2}}".format(s,y,25,z)
'---------- 等级考试 ----------'
```

第二组是<,><.精度>和<类型>，主要用于对数值本身的规范。其中，逗号（,）
用于显示数字类型的千位分隔符。如例3.29所示。

【例3.29】

```
>>> "{:-^25}".format(1234567890)
'------1,234,567,890 ------'
>>> "{0:-^25}".format(1234567890)   #对比输出
'------1,234,567,890 ------'
```

<.精度>由小数点（.）开头。对于浮点数，精度表示小数部分输出的有效位数；对于
字符串，精度表示输出的最大长度。此时，小数点可以理解为对数值的有效截断；如果小数
点保留长度超过应输出长度，以应输出长度为准。如例3.30所示。

【例3.30】

```
>>> "{:.2f}".format(12345.67890)          #保留两位小数
'12345.68'
>>> "{:>25.3f}".format(12345.67890)       #右移15位,保留3位小数输出
```

```
'               12345.679'
>>> "{:.5}".format("全国计算机等级考试")        #输出5个字符
'全国计算机'
>>> "{:.15}".format("全国计算机等级考试")        #输出15个字符,若长度不到
                                                #15,到结尾结束

'全国计算机等级考试'
```

<类型>表示输出整数和浮点数类型的格式规则。

对于整数类型,输出格式包括6种。

- b:输出整数的二进制方式;
- c:输出整数对应的 Unicode 字符;
- d:输出整数的十进制方式;
- o:输出整数的八进制方式;
- x:输出整数的小写十六进制方式;
- X:输出整数的大写十六进制方式。

如例3.31所示。

【例3.31】

```
>>> "{:b}".format(425)     #把十进制数425转换为二进制数
'110101001'
>>> "{:c}".format(425)       #把十进制数425转换为对应的 Unicode 字符
'Σ'
>>> "{:d}".format(425)
'425'
>>> "{:o}".format(425)
'651'
>>> "{:x}".format(425)
'1a9'
>>> "{:X}".format(425)
'1A9'
>>> "{:b},{:c},{:d},{:o},{:x},{:X}".format(425,425,425,425,425,425)
'110101001,Σ,425,651,1a9,1A9'
```

对于浮点数类型,输出格式包括如下4种。

- e:输出浮点数对应的小写字母 e 的指数形式;
- E:输出浮点数对应的大写字母 E 的指数形式;
- f:输出浮点数的标准浮点形式;
- %:输出浮点数的百分比形式。

浮点数输出时,尽量使用<.精度>表示小数部分的输出长度,如例3.32所示,有助于更好地控制输出格式。

【例3.32】

```
>>> "{:e},{:E},{:f},{:%}".format(3.14,3.14,3.14,3.14)
'3.140000e +00,3.140000E +00,3.140000,314.000000% '
>>> "{:2e},{:2E},{:2f},{:2%}".format(3.14,3.14,3.14,3.14)   #对比输出
'3.140000e +00,3.140000E +00,3.140000,314.000000% '
```

一些常用的 format() 方法格式控制信息如例 3.33 所示，建议读者掌握。

【例3.33】

```
>>> "{:.2f}".format(3.1415926)            #输出小数点后两位
'3.14 '
>>> "{:x}".format(1010)                   #输出整数的十六进制形式
'3f2 '
>>> "{:.5}".format("这是一个很长的字符串")   #输出字符串的前5位
'这是一个很'
>>> "{: -^10}".format("PYTHON")           #居中并填充
' -- PYTHON -- '
```

3.4 字符串类型的操作

3.4.1 字符串操作符

针对字符串，Python 语言提供了 5 个基本操作符，见表 3 -5。

表 3 - 5 基本的字符串操作符

操作符	描述
x + y	连接两个字符串 x 与 y
x * n 或 n * x	复制 n 次字符串 x
x in s	如果 x 是 s 的子串，返回 True；否则，返回 False

如例 3.34 所示。

【例3.34】

```
>>> "python 语言" + "程序设计"          #字符串的连接
'python 语言程序设计'
>>> name = "python 语言" + "程序设计"    #字符串连接之后,赋值给 name 变量
>>> name
'python 语言程序设计'
>>> "我爱 python"* 3                     #输出 3 遍字符串
'我爱 python 我爱 python 我爱 python'
```

```
>>> "python" in name          #判断"python"是否在 name 变量中
True
>>> 'Y' in name               #判断"Y"是否在 name 变量中
False
```

3.4.2　字符串处理函数

Python 语言提供了一些对字符串处理的内置函数，见表 3 - 6。

表 3 - 6　字符串处理函数

函数	描述
len(x)	返回字符串 x 的长度，也可以返回其他组合数据类型的元素个数
str(x)	返回任意类型 x 对应的字符串形式
chr(x)	返回 Unicode 编码 x 对应的单字符
ord(x)	返回单字符 x 表示的 Unicode 编码
hex(x)	返回整数 x 对应的十六进制数的小写形式字符串
oct(x)	返回整数 x 对应的八进制数的小写形式字符串

len(x) 返回字符串 x 的长度，以 Unicode 字符为计数基础，因此，中英文字符及标点字符等都是 1 个长度单位。如例 3.35 所示。

【例 3.35】

```
>>> str(1010)                 #返回 1010 的字符串形式
'1010'
>>> str(0x3F)                 #返回 3F 的十六进制形式
'63'
>>> str(3.1415926)            #返回 3.1415926 的字符串形式
'3.1415926'
```

字符是经过编码后表示信息的基本单位，字符串是字符组成的序列。Python 语言使用 Unicode 编码表示字符。

chr(x) 和 ord(x) 函数用于在单字符和 Unicode 编码值之间进行转换。chr(x) 函数返回 Unicode 编码对应的字符，ord(x) 函数返回单字符 x 对应的 Unicode 编码。如例 3.36 所示。

【例 3.36】

```
>>> chr(1010)                 #返回 Unicode 编码 1010 对应的单字符
'ϲ'
>>> chr(10000)                #返回 Unicode 编码 10000 对应的单字符
'✐'
>>> ord("和")                 #返回单字符"和"表示的 Unicode 编码
21644
>>> ord("你")                 #返回单字符"你"表示的 Unicode 编码
20320
```

hex(x) 和 oct(x) 函数分别返回整数 x 对应的十六进制和八进制的字符串形式，字符串以小写形式表示。如例 3.37 所示。

【例 3.37】

```
>>> hex(1011)              #返回 1010 对应的十六进制
'0x3F3'
>>> oct( -255)             #返回 -255 对应的八进制
'-0o377'
```

3.4.3 字符串处理方法

"方法"是程序设计中一个专有名词，属于面向对象程序设计领域。在 Python 解释器内部，所有数据类型都采用面向对象方式实现，因此，大部分数据类型都有一些处理方法。

方法也是一个函数，只是调用方式不同。函数采用 func(x) 方式调用，而方法则采用 <a>.func(x) 形式即 A. B() 形式调用。方法以前导对象 <a> 为输入。

表 3-7 给出了常用的字符串处理方法，其中 str 代表一个字符串或字符串变量。

表 3-7　常用的字符串处理方法

方法	描述
str. lowcr()	返回字符串 str 的副本，全部字符小写
str. upper()	返回字符串 str 的副本，全部字符大写
str. split(sep = none)	返回一个列表，由 str 根据 sep 被分割的部分构成，省略 sep，默认以空格分割
str. count(sub)	返回 sub 子串出现的次数
str. replace(old, new)	返回字符串 str 的副本，所有 old 子串被替换为 new
str. center(width, fillchar)	字符串居中函数，fillchar 参数可选
str. strip(chars)	从字符串 str 中去掉其左侧和右侧 chars 中列出的字符
str. join(iter)	在 iter 变量的每一个元素后增加一个 str 字符串

表 3-7 中返回字符串的副本指返回一个新的字符串，但不改变原来的变量 str。

str. lower() 和 str. upper() 是一对方法，能够将字符串的英文字符变成小写或大写。如例 3.38 所示。

【例 3.38】

```
>>> "Python". lower()
'python'
>>> "Python". upper()
'PYTHON'
```

str. split(sep) 是一个十分常用的字符串处理方法，它能够根据 sep 分隔字符串 str。sep 不是必需的，默认采用空格分隔。sep 可以是单个字符，也可以是一个字符串。分割后的内容以列表类型返回。如例 3.39 所示。

【例3.39】

```
>>> "Python is an excellent language. ". split()          #以空格分隔字符串
['Python','is','an','excellent','language.']
>>> "Python is an excellent language. ". split('a')       #以'a'分隔字符串
['Python is ','n excellent l','ngu','ge. ']
>>> "Python is an excellent language. ". split('ge')      #以'ge'分隔字
                                                          #符串
['Python is an excellent langua','. ']
>>> "Python is an excellent language. ". split('an')      #以'an'分隔字
                                                          #符串
['Python is ',' excellent l','guage. ']
```

str. count(sub) 方法返回字符串 str 中出现 sub 的次数，sub 是一个字符串。如例 3.40 所示。

【例3.40】

```
>>> "Python is an excellent language. ". count('a')       #统计'a'出现
                                                          #的次数
3
>>> "Python is an excellent language. ". count('an')      #统计'an'出
                                                          #现的次数
2
```

str. replace(old,new) 方法将字符串 str 中出现的 old 字符串替换为 new 字符串，old 和 new 的长度可以不同。如例 3.41 所示。

【例3.41】

```
>>> "Python is an excellent language. ". replace('a',' $ ')
#将'a'替换为'$'
'Python is $ n excellent l $ ngu $ ge. '
>>> "Python is an excellent language. ". replace('Pyhon','C')
#将'Python'替换为'C'
'C is an excellent language. '
```

可以使用 replace() 方法去掉字符串中的特定字符或字符串。如例 3.42 所示。

【例3.42】

```
>>> "Python is an excellent language. ". replace('excellent','')
#去掉'excellent'
'Python is an language. '
>>> "Python is an excellent language. ". replace('a','')   #去掉'a'
'Python is n excellent lnguge. '
```

str. center(width,fillchar) 方法返回长度为 width 的字符串。其中 str 处于新字符串中心位置，两侧新增字符串采用 fillchar 填充，当 width 小于字符串长度时，返回 str；fillchar 是单个字符。如例 3.43 所示。

【例 3.43】

```
>>> "Python". center(20,"=")        #返回长度为 20 的字符串,用"="填充
'======Python ======='             #"Python"居中对齐
>>> "Python". center(2,"=")         #width 的值小于字符串长度时,返回字
'Python'                            #符串"Python"
```

str. strip(chars) 从字符串 str 中去掉在其左侧和右侧 chars 中列出的字符。chars 是一个字符串，其中出现的每个字符都会被去掉。如例 3.44 所示。

【例 3.44】

```
>>> " === Python ===   ". strip('')
'   === Python ===   '
>>> " === Python ===   ". strip(' ')
'=== Python ==='
>>> " === Python ===   ". strip(' =')
'=== Python ==='
```

str. join(iter) 中 iter 是一个具备迭代性质的变量，该方法将 str 字符串插入元素之间，形成新的字符串。简单地说，.join( ) 方法能够在一组数据中增加分隔符。如例 3.45 所示。

【例 3.45】

```
>>> " ". join('PYTHON')    #在 Python 字符串中添加空格
'P Y T H O N'
>>> ",". join('abcde')     #在 abcde 字符串中添加","
'a,b,c,d,e'
```

3.5   类型判断和类型间转换

Python 语言提供 type(x) 函数对变量 x 进行类型判断，适用于任何数据类型。如例 3.46 所示。

【例 3.46】

```
>>> type(10.10)          #返回 10.10 的数据类型
< class 'float' >
>>> type(1010)           #返回 1010 的数据类型
< class 'int' >
>>> type('10.10')        #返回'1010'的数据类型
< class 'str' >
>>> type([1,0,1,0])      #返回[1,0,1,0]的数据类型
< class 'list' >
```

数值运算操作符可以隐式地转换输出结果的数字类型。例如，两个整数采用运算符"/"的除法将可能输出浮点数结果。此外，通过内置的数字类型转换函数可以显式地在数字类型之间进行转换。见表3-8。

表3-8 类型间转换函数

函数	描述
int(x)	将x转换为整数，x可以是浮点数或字符串
float(x)	将x转换为浮点数，x可以是整数或字符串
str(x)	将x转换为字符串，x可以是整数或浮点数

浮点数转换为整数类型时，小数部分会被舍弃掉（不使用四舍五入）。整数转换成浮点数类型时，会额外增加小数部分。如例3.47所示。

【例3.47】

```
>>> int(10.10)              #将10.10的值转换为int类型
10
>>> int("10")              #将"10"的值转换为int类型
10
>>> float(10)              #将10的值转换为float类型
10.0
>>> float("123.456")        #将"123.456"的值转换为float类型
123.456
>>> str(10.01)             #将10.01的值转换为str类型
'10.01'
>>> str(1010 +101)         #将1010 +101的结果转换为str类型
'1111'
```

 本章小结

本章具体讲解了计算机中常用的数字类型及操作，包括Python数值运算操作符和数值运算函数，进一步讲解了字符串类型及格式化、字符串操作符、字符串处理函数和字符串处理方法等，最后还介绍了类型判断和类型转换的基本方法。

 习 题 3

一、选择题

1. 以下是八进制数字的是（   ）。

A. 0b070   B. 0a1011   C. 0o755   D. 0x123

2. 以下字符串合法的是（   ）。

A. 'abc'def'ghi"   B. "I love" love " Python"

C. "I love Python"   D. 'I love 'Python"

3. Python 程序采用 Unicode 编码，英文字符和中文字符在 Python 中分别对应字符的个数是（　　）。

A. 1;1   B. 1;2   C. 2;1   D. 2;2

4. 以下不是 Python 内置数据类型的是（　　）。

A. char   B. int   C. float   D. list

5. Python 支持复数类型，以下说法错误的是（　　）。

A. 实部和虚部都是浮点数   B. 表示复数的语法是 real + image j

C. 1 +j 是复数   D. 虚部后缀 j 必须是小写形式

6. 以下是 print('\nPython') 语句运行结果的是（　　）。

A. 在新的一行输出：Python   B. 直接输出：'\nPython'

C. 直接输出：\nPython   D. 先输出 n，然后新的一行输出 Python

7. 字符串 s = 'abcde'，n 是字符串 s 的长度。索引字符串 s 字符'c'，下列语句是正确的（　　）。

A. s[n/2]   B. s[(n+1)/2]   C. s[n//2]   D. s[(n +1)//2]

8. 以下能用逗号分隔字符串的是（　　）。

A. s. split( )   B. s. strip( )   C. s. center( )   D. s. replace( )

9. 以下能同时作用于所有数字类型和字符串类型的函数是（　　）。

A. len( )   B. complex（ ）   C. type( )   D. bin（ ）

10. 以下把字符串 s 中所有英文转换为大写形式的是（　　）。

A. s. lowe( )   B. s. upper( )   C. s. strip( )   D. s. replace( )

二、编程实现

1. 已知字符串 s = "my,name,is,zhangsan"，请用两种办法取出其中的 "name" 字符，请写出代码。

2. 将字符串 "my name is zhangsan" 中的 "zhangsan" 替换为 "lisi"，请写出代码。

第 **4** 章

程序的流程控制

学习目标

- 了解程序流程的基本概念，掌握程序流程控制的 3 种结构。
- 掌握 if、if - else 和 if - elif 分支结构语句，并能熟练使用。
- 掌握 for、while 循环控制语句，并能熟练使用。
- 掌握 else、break、continue 流程控制语句的使用方法。
- 掌握循环嵌套结构。

在结构化程序设计出现以前，每个程序员都按照各自的习惯与思路编写程序，没有统一的标准与方法，各人的编程效率与所编程序的质量相差很大，程序可读性和可修改性都很差，往往一个程序员编写的程序只有他自己才看得懂，甚至过了一段时间，他自己都看不懂了，因而别人既无法读懂，也无法修改。

1966 年，Bohn 和 Jacopini 提出了结构化程序设计的理论，即后来广泛采用的结构化程序设计的方法。该方法使程序结构清晰易懂，提高了程序设计的质量和效率。结构化程序由3 种基本结构组成，每一个基本结构可以包含一个或若干个语句，3 种基本结构为：顺序结构；分支结构，也叫选择结构；循环结构。

4.1　顺序结构程序设计

计算机程序可以看作是一条一条顺序执行的代码。顺序结构是程序的基础，是指程序按照线性顺序依次执行。如图 4－1 所示，该结构先执行语句块 1，再执行语句块 2，两者是顺序执行的关系。其中语句块 1 和语句块 2 表示一个或一组顺序执行的语句。

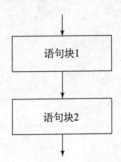

图 4－1　顺序结构流程图

【例 4.1】输入一名学生的两门课程的成绩，输出其总分。

```
a,b = input("请输入学生的两门课程的成绩:").split(" ")   #输入两门成绩时,
                                                        #中间用空隔隔开

a,b = int(a),int(b)     #把 a,b 的值转换成整型
sum = a + b             #求出 a 和 b 的和放在 sum 中
print("总分",sum)      #打印输出 sum
```

运行结果如图 4－2 所示。

```
======================= RESTART: D:/python/例4.1.py =========================
请输入学生的两门课程的成绩: 95 98
总分 193
>>>
```

图 4－2　运行结果

说明：split( ) 函数通过指定分隔符对字符串进行分割，返回分割后的字符串列表。

split( ) 函数的语法如下：

```
str. split( str = "",num = string. count( str)).
```

str：分隔符，默认为所有的空字符，包括空格、换行（\n）、制表符（\t）等。

num：分割次数。默认为 -1，即分隔所有，如果参数 num 有指定值，则分隔为 num +1 个子字符串。

【例4.2】输入一个圆的半径，分别求出它的面积和周长，结果保留两位小数。

```
r = input("请输入圆的半径:")           #从键盘输入圆的半径
r = float(r)          #把 r 的值转换成实型
area = 3.14 * r * r    #求出圆的面积
cir = 2 * 3.14 * r     #求出圆的周长
print("面积为:{0:.2f}". format(area))
#打印输出圆的面积,结果保留两位小数
print("周长为:{0:.2f}". format(cir))
```

运行结果如图4 -3 所示。

```
===================== RESTART: D:/python/例4.2.py =====================
请输入圆的半径: 3.0
面积为: 28.26
周长为: 18.84
>>>
```

图4 -3　运行结果

【例4.3】输入三角形的3 个边长 a、b、c，求三角形的面积 area，结果保留两位小数。公式为 area = sqrt(s(s -a)(s -b)(s -c))，其中，s =(a +b +c)/2。

```
a,b,c = input("请输入三角形的三条边长:"). split(" ")
#输入三角形的三条边长,中间用空隔隔开
a,b,c = int(a),int(b),int(c)          #把 a,b,c 的值转换成整型
s = (a +b +c)/2
area = (s * (s -a) * (s -b) * (s -c)) ** 0.5
#求出面积,结果放在 area 中
print("面积为{0:.2f}". format(area))
#输出面积,结果保留2 位小数
```

运行结果如图4 -4 所示。

```
===================== RESTART: D:\python\例4.3.py =====================
请输入三角形的三条边长: 3 4 5
面积为:6.00
>>>
```

图4 -4　运行结果

4.2 分支结构程序设计

在解决实际问题时，单一的顺序结构有时不能满足要求，需要根据不同的"预设条件"进行判断，并根据不同的判断结果有选择地执行相应的语句块。这就是分支结构，也叫选择结构。分支结构又分为单分支、二分支和多分支结构，Python 中通过 if、elif、else 语句来实现。

4.2.1 单分支结构

单分支结构用 if 语句实现。

1. if 语句的格式

```
if <条件表达式 >:
    <语句块 >
```

2. 功能

执行 if 语句时，首先判断条件表达式是否成立，如果成立（结果为 True），则执行语句块中的语句序列，然后转向执行 if 语句后面的语句；如果条件表达式不成立（结果为 False），则语句块中的语句会被跳过不执行，直接转向执行 if 语句后面的语句。流程图如图 4-5 所示。

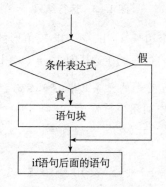

图 4-5 if 语句的流程图

3. 说明

①条件表达式可以加括号，也可以不加，之后必须加冒号。

②语句块是 if 后面的条件表达式成立后执行的一个或多个语句序列，语句块中的语句通过与 if 语句所在行形成缩进表达包含关系。

③< 条件表达式 > 可以是各种表达式，但必须符合 Python 语言的规定，表达式的值必须是逻辑值"真"或"假"。

【例4.4】输入两个整数 a 和 b，按从小到大的顺序输出这两个数。

```
a = eval(input("a = "))
#从键盘输入 a 的值,并通过 eval 函数转换成整型
b = eval(input("b = "))
if a > b:          #判断条件 a > b 是否成立
    a,b = b,a      #如果条件成立,交换 a,b 的值
print(a,b)
```

运行结果如图 4 - 6 所示。

```
========================= RESTART: D:/python/例4.4.py =========================
a=5
b=3
3 5
```

图 4 - 6　运行结果

【例 4.5】 输入年份,输出该年份二月的天数。

```
year = int(input("请输入年份:"))                    #从键盘输入年份,并转换成整数
day = 28            #给 day 赋初值
if(year%4 == 0 and year%100 !=0)or year%400 == 0:    #判断是否为闰年
    day = 29            #如果是闰年,day 赋值为 29
print("{0}年二月有{1}天". format(year,day))
```

运行结果如图 4 - 7 所示。

```
========================= RESTART: D:/python/例4.5.py =========================
请输入年份: 2000
2000年二月有29天
```

图 4 - 7　运行结果

4.2.2　双分支结构

双分支结构用 if…else 语句实现, if…else 语句可以根据条件表达式的 "真" (非 0) 或 "假" (0) 执行不同的操作。

1. if…else 语句的格式

```
if(条件表达式):
    <语句块 1 >
else:
    <语句块 2 >
```

2. 功能

该结构先判断条件表达式是否成立,当条件表达式成立时 (非 0),执行语句块 1;否则,执行语句块 2。语句块 1 和语句块 2 必须有且只有一个被执行。程序流程图如图 4 - 8 所示。

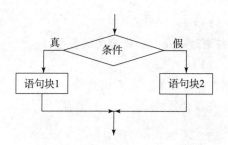

图4-8 if···else 语句的流程图

3. 说明

①条件表达式和 else 之后都要加冒号。

②语句块可以是一个或多个语句序列,语句块中的语句通过缩进来表达包含关系。

【例4.6】 在例4.3中,求三角形的面积之前,应该先判断所输入的三条边长能否构成三角形,如果能构成三角形,则求出面积,如果不能构成三角形,则输出"不能构成三角形"提示信息。

程序如下:

```
a,b,c = input("请输入三角形的三条边长:").split(" ")
#输入三角形的三条边长,中间用空隔隔开
a,b,c = int(a),int(b),int(c)    #把 a,b,c 的值转换成整型
if(a >0 and b >0 and c >0 and a +b >c and b +c >a and a +c >b):
#判断能否构成三角形
    s = (a +b +c)/2
    area = (s* (s -a)* (s -b)* (s -c))** 0.5
    print("面积为{0:.2f}".format(area))
else:                                      #如果不能构成三角形,则打印输出提示
    print("不能构成三角形")
```

运行结果如图4-9所示。

```
...
======================= RESTART: D:/python/例4.6.py =======================
请输入三角形的三条边长: 1 2 3
不能构成三角形
```

图4-9 运行结果(1)

再次运行,结果如图4-10所示。

```
...
======================= RESTART: D:/python/例4.6.py =======================
请输入三角形的三条边长: 1 1 1
面积为0.43
```

图4-10 运行结果(2)

【例4.7】 输入一个数,判断它能否被7整除。若能被7整除,输出"YES";否则,输

出"NO"。

```
m = input("请输入一个数:")
m = int(m)
if(m%7 == 0):          #判断能否被7整除
    print("YES")       #条件成立的输出
else:
    print("NO")        #条件不成立的输出
```

运行结果如图4-11所示。

```
======================== RESTART: D:/python/例4.7.py ========================
请输入一个数: 48
NO
```

图4-11　运行结果（1）

再次运行，结果如图4-12所示。

```
======================== RESTART: D:/python/例4.7.py ========================
请输入一个数: 49
YES
```

图4-12　运行结果（2）

4.2.3　多分支结构

双分支结构只能根据条件的True和False决定处理两个分支中的一支。当实际处理的问题有多种条件时，就要用到多分支结构。多分支结构用if…elif语句实现。

1. if…elif语句的格式

```
if <表达式1>:
    <语句序列1>
elif <表达式2>:
    <语句序列2>
...
elif <表达式n>:
    <语句序列n>
[else:
    <语句序列n+1>
]
```

2. 功能

先判断表达式1的值，若结果为True，则执行语句序列1；若结果为False，再判断表达式2的值，若结果为True，则执行语句序列2；若结果为False，再判断表达式3的值；……；若所有表达式的值都为False，则执行语句序列n+1。程序流程图如图4-13所示。

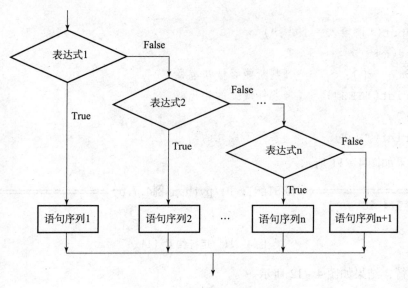

图4-13 if…elif 语句的流程图

3. 说明

①省略号表示 elif 语句块可以根据实际需要出现多次。

②不管有几个分支，程序执行了一个分支以后，其余分支不再执行。

③当多分支中有多个表达式同时满足条件时，则只执行第一条与之匹配的语句。

④有时对缺省情况，不需要采取明显的动作，在这种情况下，可以把该结构末尾的 else 省略掉。当然，也可以用它来检查错误，捕获"不可能"条件。

【例4.8】输入一个学生成绩，当成绩≥90 时，输出"Very good"；当80≤成绩<90 时，输出"Good"；当60≤成绩<80 时，输出"Passed"；当成绩<60 时，输出"Failed"。

问题分析：根据学生成绩分别落入不同的分数段（4 种），从而输出不同的评语。这是一个具有四路分支的问题。

程序如下：

```python
score = input("请输入学生的成绩:")
score = int(score)
if score >= 90:            #判断成绩是否大于等于90
    print("Very good")     #成绩大于等于90 的输出结果
elif score >= 80:          #判断成绩是否大于等于80
    print("Good")
elif score >= 60:          #判断成绩是否大于等于60
    print("Passed")
else:                      #成绩小于60 的分支
    print("Failed")
```

运行结果如图4-14 所示。

```
========================= RESTART: D:/python/例4.8.py =========================
请输入学生的成绩: 75
Passed
>>>
========================= RESTART: D:/python/例4.8.py =========================
请输入学生的成绩: 86
Good
>>>
========================= RESTART: D:/python/例4.8.py =========================
请输入学生的成绩: 95
Very good
>>>
========================= RESTART: D:/python/例4.8.py =========================
请输入学生的成绩: 55
Failed
```

图4-14 运行结果

说明：程序运行 4 次，分别输入 75，86，95 和 55，输出分别为 Passed，Good，Very good 和 Failed。

【例4.9】某商店售货，按购买货物的款数多少分别给予不同的优惠折扣：

购货不足 250 元的，没有折扣；

购货满 250 元，不足 500 元的，折扣 5%；

购货满 500 元，不足 1000 元的，折扣 7.5%；

购货满 1000 元，不足 2000 元的，折扣 10%；

购货满 2000 元的，折扣 15%。

要求根据输入的购买货物的款数，按照不同的折扣，计算输出的实际付款款数。

程序如下：

```python
money = input("请输入购买的款数:")
money = int(money)
if money >= 2000:                #判断购买货物的款数是否大于等于2000
    money = (1 - 0.15) * money   #计算实际付款款数,并重新赋给money
elif money >= 1000:
    money = (1 - 0.10) * money
elif money >= 500:
    money = (1 - 0.075) * money
elif money >= 250:
    money = (1 - 0.05) * money
print("实际付款数为:{:.1f}".format(money))   #输出结果保留1位小数
```

运行结果如图 4-15 所示。

```
======================= RESTART: D:/python/例4.9.py =======================
请输入购买的款数: 2500
实际付款数为: 2125.0
>>>
======================= RESTART: D:/python/例4.9.py =======================
请输入购买的款数: 1800
实际付款数为: 1620.0
>>>
======================= RESTART: D:/python/例4.9.py =======================
请输入购买的款数: 850
实际付款数为: 786.2
>>>
======================= RESTART: D:/python/例4.9.py =======================
请输入购买的款数: 450
实际付款数为: 427.5
>>>
======================= RESTART: D:/python/例4.9.py =======================
请输入购买的款数: 240
实际付款数为: 240.0
```

图 4-15 运行结果

4.3 循环结构程序设计

在程序设计中，经常会遇到需要重复处理的内容，这样的功能由循环结构来实现。构造循环结构有两个要素：一个是循环体，即重复执行的语句；另一个是循环条件，即重复执行语句所要满足的条件。Python 用 while 和 for 关键字来构造循环结构。

根据循环执行次数的确定性，循环可以分为非确定次数循环和确定次数循环。非确定次数循环指程序不确定循环体可能的执行次数，而通过条件判断是否继续执行循环体，这类循环通常采用 while 语句实现。确定次数循环指对循环次数有明确的定义，这类循环在 Python 中被称为"遍历循环"，其中，循环次数由遍历结构中元素的个数决定，通常这类循环采用 for 语句实现。当然，确定次数循环也可以用 while 语句实现。

4.3.1 while 语句

1. 格式

```
while <条件表达式>:
    <循环体>
```

2. 功能

首先计算条件表达式（循环条件）的值，若结果为"真"（非零），则执行循环体语句；然后再次计算条件表达式的值。重复上述过程，直到表达式的值为"假"（零）时结束循环，流程控制转到循环结构的下一语句。其流程如图 4-16 所示。

【例 4.10】从键盘上输入一个整数 n，求 n!，利用 while 语句编程实现。

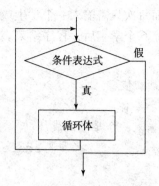

图 4 - 16　while 语句流程图

程序如下：

```
n = input("请输入一个整数:")
n = int(n)
i = 1                      #给 i 赋初值
s = 1                      #给 s 赋初值
while(i <= n):             #循环条件的设置
    s = s * i             #s 的值乘以 i,结果再赋给 s
    i = i + 1             #i 的值增加 1
print("{0}!={1}".format(n,s))
```

运行结果如图 4 - 17 所示。

```
======================= RESTART: D:/python/例4.10.py =======================
请输入一个整数: 5
5! =120
```

图 4 - 17　运行结果

3. 说明

①while 循环结构的特点是"先判断，后执行"。如果条件表达式的值一开始就为"假"，则循环体一次也不执行。

②while 条件表达式后面要加冒号；while 循环体语句通过与 while 语句所在行形成缩进表达包含关系。

③循环体内一定要有改变循环继续条件的语句，使循环趋向于结束，否则循环将无休止地进行下去，即形成"死循环"。如例 4.10 中的语句 i = i + 1，使循环控制变量 i 每循环一次增加 1，则最终会达到或超过终值，结束循环。

④为使循环能够正确开始运行，还要做好循环开始前的准备工作，如例 4.10 中的语句 i = 1 和 s = 1 分别将循环控制变量 i 和存放累乘积的变量 s 初始化。

【例 4.11】从键盘上输入 6 个学生的成绩，对其进行处理：如果成绩及格，则输出"Passed"；否则，输出"Failed"。

问题分析：每个学生成绩的处理流程都是一样的，6 个学生成绩的处理无非是对一个学生成绩处理流程进行 6 次重复，而每次只需输入一个学生成绩即可。设一个变量 n，用来累计已处理完的学生个数，当处理完 6 个学生后，程序结束。

程序如下：

```
n = 1                    #n 赋初值
while(n <= 6):           #循环条件
    score = input("请输入一个学生的成绩:")
    score = float(score)            #把 score 转换为整数
    if score >= 60.0:
        print("passed")
    else:
        print("failed")
    n = n + 1    #循环控制变量 n 的值增加 1
```

运行结果如图 4 - 18 所示。

```
======================== RESTART: D:/python/例4.11.py ========================
请输入一个学生的成绩: 85.5
passed
请输入一个学生的成绩: 65
passed
请输入一个学生的成绩: 56
failed
请输入一个学生的成绩: 79
passed
请输入一个学生的成绩: 45.5
failed
请输入一个学生的成绩: 95
passed
```

图 4 - 18   运行结果

【例 4.12】 利用格里高利公式求 π：$\frac{\pi}{4} = 1 - \frac{1}{3} + \frac{1}{5} - \frac{1}{7} + \cdots$直到最后一项的绝对值小于等于 10^{-6} 为止。

分析：总体来看，本题是一个"累加"问题，只不过每次要累加的数据一次是正数，一次是负数，因此，设置一个符号变量 sign 来控制每次要累加数据的符号。

程序如下：

```
sign = 1                    #把 sign 赋初值 1
t = 1.0                     #给加项 t 赋初值 1.0
n = 1.0                     #加项的分母赋初值 1.0
pi = 0.0                    #存放 pi 的结果赋初值 0.0
while(abs(t) >= 1e - 6):    #设置循环条件
    pi = pi + t             #把加项 t 累加到 pi 中
    n = n + 2               #加项的分母增加 2
    sign = - sign           #符号转换
    t = sign/n              #求出加项
```

```
pi = pi * 4
print("pi = %10.6f "%pi)        #输出 pi,保留 6 位小数
```

运行结果如图 4-19 所示。

```
======================= RESTART: D:\python\例4.12.py =======================
pi=   3.141591
>>>
```

图 4-19　运行结果

【例 4.13】 输入一个整数 n（n≥3），判断是否为素数。

分析：根据素数的定义，若要判断一个整数 n 是否为素数，只需用 2~n-1 之间的每个数去除 n，如果都除不尽，n 就是素数；只要有一次除尽了，n 就不是素数。数学方法已经证明了只需用 2~$\sqrt{n}$（取整）去除 n 即可做出判定。

这里需要重复做的是用 2~$\sqrt{n}$ 去除 n，继续循环的条件是："除数未增至$\sqrt{n}$并且未曾除尽过。"为此，需设一个开关变量 flag，用于标识是否除尽。flag 初值为 1（"真"），一旦某一次除尽了，就将其置为 0（"假"），从而终止循环。当循环结束时，若 flag 为"真"，就表明 n 是素数。

程序如下：

```
n = input("请输入一个大于 3 的整数:")
n = int(n)
flag = 1                             #开关变量赋初值1,表示为真
i = 2                                #除数 i 的初值为 2
while(i <= n ** 0.5 and flag):        #设置循环条件
    if(n% i == 0):
        flag = 0                     #如果 n 能被 i 整除,flag 变为 0
    else:
        i += 1                       #如果 n 不能被 i 整除,i 加 1
if flag:
    print("%d is prime number. "%n)  #如果 flag 为真,打印 n 是素数
else:
    print("%d is not prime number. "%n) #如果 flag 为假,打印 n 不是素数
```

运行情况如图 4-20 所示。

```
======================= RESTART: D:\python\例4.13.py =======================
请输入一个大于3的整数: 13
13 is prime number.
>>>
======================= RESTART: D:\python\例4.13.py =======================
请输入一个大于3的整数: 15
15 is not prime number.
```

图 4-20　运行结果

4.3.2 for 语句

1. 格式

> for <循环变量> in <遍历结构>：
>   <语句块>

2. 功能

循环变量从遍历结构中逐一提取元素，对所提取的每个元素执行一次语句块，执行完后，返回，再取下一个值，再执行，……，直到遍历完成或发生异常退出循环。

其流程如图 4 - 21 所示。

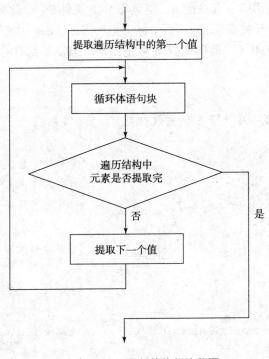

图 4 - 21　for 语句的执行流程图

3. 说明

①遍历结构后面要加冒号，循环体语句块通过与 for 语句所在行形成缩进来表达包含关系。

②循环变量可以扩展为变量表，变量与变量之间用逗号分开，遍历结构可以是序列、迭代器或其他支持迭代的对象。

【例 4.14】用 for 语句实现例 4.10。

程序如下：

```
n = input("请输入一个整数:")
n = int(n)
s = 1              #s 赋初值,累积设为 1
for i in range(1,n +1):    #i 为循环控制变量
    s = s* i                #循环体,把 i 累乘到 s 中
print("{0}!={1}".format(n,s))
```

运行结果如图 4 - 22 所示。

```
======================= RESTART: D:\python\例4.14.py =======================
请输入一个整数: 5
5! =120
```

图 4 - 22　运行结果

说明:本例中使用 Python 自带的 range 函数生成要遍历的数字序列。range 函数的用法如下:

格式:range(start,end,step)

参数说明:

start: 计数从 start 开始。start 缺省时,默认是从 0 开始。例如,range(5) 等价于 range(0,5)。

end: 计数到 end 结束,但不包括 end。例如,range(0,5) 生成的遍历数字序列是 0, 1, 2, 3, 4;没有 5。

step: 步长,默认为 1。例如,range(0,5) 等价于 range(0,5,1);range(1,10,3) 生成数列 1,4,7;range(-1,-10,-3) 生成数列 -1, -4, -7。

其中, start 和 step 都是可以缺省的。

【例 4.15】用 for 语句写程序,求自然数 1~100 之和。

程序如下:

```
sum = 0                    #对累加和的变量赋初值 0
for i in range(1,101):    #i 为循环控制变量
    sum += i              #循环体
print("1 +2 +3 +... +100 =",sum)
```

运行结果如图 4 - 23 所示。

```
======================= RESTART: D:\python\例4.15.py =======================
1+2+3+...+100= 5050
```

图 4 - 23　运行结果

【例 4.16】输入 5 个整数,求出其中的最大值与最小值。

分析:设输入的数存放在变量 x 中,最大值存放在变量 max 中,最小值存放在变量 min 中。

首先输入第一个值并作为 max 与 min 的初始值,然后每输入一个值,都将其与 max 和 min 进行比较:如果它大于 max,则用它替代原来的 max 的值;如果它小于 min,则用它替代原来的 min 的值。如此重复下去,max 始终存放的是当前已输入数的最大值,min 始终存放的是当前已输入数的最小值,直到第 5 个数输入完并比较完后,max 就是最大值,min 就

是最小值。

程序如下：

```
x = eval(input("请输入第一个整数:"))      #输入 x,并转换为整数
max = x                              #把 x 作为 max 的初值
min = x                              #把 x 作为 min 的初值
for i in range(2,6,1):
        x = eval(input("请输入下一个整数:"))   #输入第 2 个数,存放在 x 中
        if(x > max):
            max = x                      #如果 x 比 max 大,把 x 赋给 max
        elif(x < min):
            min = x                      #如果 x 比 min 小,把 x 赋给 min
print("最大值为:{},最小值为:{}".format(max,min))
```

运行结果如图 4 – 24 所示。

```
===================== RESTART: D:/python/例4.16.py =====================
请输入第一个整数: 5
请输入下一个整数: 7
请输入下一个整数: 2
请输入下一个整数: 18
请输入下一个整数: 9
最大值为: 18，最小值为: 2
```

图 4 – 24　运行结果

【例 4.17】使用 for 循环遍历元组或列表。

在使用 for 循环遍历元组或列表时，列表或元组有几个元素，for 循环的循环体就执行几次，针对每个元素执行一次，迭代变量会依次被赋为元素的值。

如下代码使用 for 循环遍历元组：

```
a_tuple = ('crazyit','fkit','Charlie')
#a_tuple 为要遍历的元组,共 3 个字符串
for ele in a_tuple:                    #ele 遍历元组中的每一个值
        print('当前元素是:',ele)          #打印 ele 的值
```

运行结果如图 4 – 25 所示。

```
===================== RESTART: D:\python\例4.17.py =====================
当前元素是: crazyit
当前元素是: fkit
当前元素是: Charlie
```

图 4 – 25　运行结果

4.3.3　循环中的 break 语句和 continue 语句

循环语句执行次数由 while、for 中的循环控制条件决定，一旦条件不满足，循环就结束。除此之外，Python 还提供了 break 语句和 continue 语句来调整循环体的运行，使程序流程更加灵活多变。

1. break 语句

break 语句的功能是使程序流程从包含它的最内层循环中跳出，转到该循环结构外的下一语句执行。这将导致包含它的最内层循环（while、for 语句）提前终止。

break 语句的一般形式：

```
break
```

【例 4.18】找出 100～300 之间第一个能被 17 整除的数。

用 for 循环结构实现对每个数的判断，直到找出第一个能被 17 整除的数，输出该数，然后利用 break 语句跳出循环体，结束程序。

算法的流程图如图 4-26 所示。

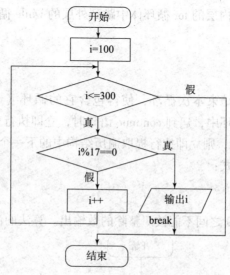

图 4-26　例 4.18 的流程图

程序如下：

```
for i in range(100,301):
        if i%17 ==0:
                print(i)
                break        #结束循环
```

运行结果如图 4-27 所示。

```
======================= RESTART: D:\python\例4.18.py =======================
102
>>> |
```

图 4-27　运行结果

说明：当 i 能被 17 整除时，输出该数，然后执行 break 语句，结束整个循环（即跳出for 循结构）；当 i 不能被 17 整除时，先使变量 i 自增 1，然后进行下一次循环操作。

使用 break 语句应注意以下几点：

①break 语句通常与 if 语句配合使用。

②在嵌套的循环结构中使用时，break 语句只能跳出（或终止）包含它的最内层循环，而不能同时跳出（或终止）多层循环。如：

```
while()
{ …
  for …
    { …
     break
     }
    …
}
```

上述 break 语句只能从内层的 for 循环体中跳到外层的 while 循环体中，而不能同时跳出两层循环体。

2. continue 语句

continue 语句的作用是结束本次循环，使得包含它的循环（while、for）开始下一次重复。也就是说，在 while 循环中，遇到 continue 语句时，立即执行表达式的测试；在 for 的循环体中遇到 continue 语句时，则立即执行提取遍历结构中的下一个值。

continue 语句的一般形式：

```
continue
```

【例 4.19】把 100 ~ 200 之间不能被 7 整除的数输出。算法的流程图如图 4 – 28 所示。

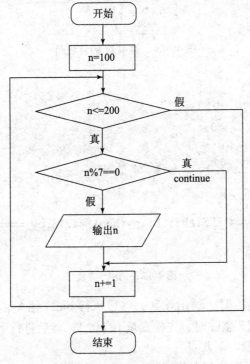

图 4 – 28　例 4.19 流程图

程序如下:

```
for n in range(100,201):
        if n%7 ==0:
                continue          #结束本次循环,n 取下一个值
        print(n,end =' ')
```

运行结果如图 4 - 29 所示。

```
======================= RESTART: D:\python\例4.19.py =========================
100 101 102 103 104 106 107 108 109 110 111 113 114 115 116 117 118 120 121 122
123 124 125 127 128 129 130 131 132 134 135 136 137 138 139 141 142 143 144 145
146 148 149 150 151 152 153 155 156 157 158 159 160 162 163 164 165 166 167 169
170 171 172 173 174 176 177 178 179 180 181 183 184 185 186 187 188 190 191 192
193 194 195 197 198 199 200
```

图 4 - 29 运行结果

程序说明:在 for 的循环中,当 n 能被 7 整除时,执行 continue 语句结束本次循环,即跳过其后的 print( ) 语句,n 取下一个值。

使用 continue 语句时,要注意以下几点:

①continue 语句只能用于循环结构中,通常也要有 if 语句配合使用。

②continue 语句和 break 语句虽然都实现了程序执行方向的无条件转移,但它们的区别是:continue 语句只能结束本次循环,而不是终止整个循环的执行;break 语句则是立即结束整个循环过程。图 4 - 30 和图 4 - 31 给出了 continue 和 break 语句的流程转向示意图。

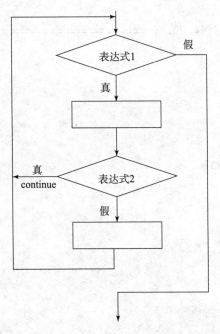

图 4 - 30 continue 语句的流程转向示意图

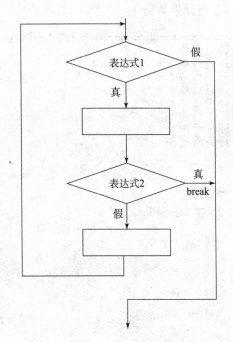

图 4 - 31 break 语句的流程转向示意图

4.3.4 循环中的 else 语句

Python 中的循环语句可以有 else 分支。

1. 在 while 语句中

语句格式如下：

```
while <条件表达式>:
    语句块1
else:
    语句块2
```

【例 4.20】逐个输出字符串"student"中的字符。

```
num = 0
str = "student"
while num < len(str):              #循环条件为 num 比字符串 srt 的长度小
    print("循环进行中:" + str[num])
    num = num + 1
else:
    str = "循环正常结束"
#while 循环正常结束,执行该语句,给 str 重新赋值
print(str)
```

运行结果如图 4 - 32 所示。

```
======================= RESTART: D:/python/例4.20.py =======================
循环进行中: s
循环进行中: t
循环进行中: u
循环进行中: d
循环进行中: e
循环进行中: n
循环进行中: t
循环正常结束
```

图 4 - 32 运行结果

2. 在 for 语句中

语句格式如下：

```
for <循环变量> in <遍历结构>:
    语句块1
else:
    语句块2
```

【例 4.21】用 for 循环实现例 4.20。

```
str = "student"
for letter in str:
        print("循环进行中:" + letter)            #letter 遍历 str
else:
        print("循环正常结束")                    #循环正常结束,执行该语句
```

运行结果如图 4 - 33 所示。

```
========================= RESTART: D:/python/例4.21.py =========================
循环进行中: s
循环进行中: t
循环进行中: u
循环进行中: d
循环进行中: e
循环进行中: n
循环进行中: t
循环正常结束
>>>
```

图 4 - 33　运行结果

说明：else 语句（块）写在 while 语句或 for 语句尾部，当循环语句或迭代语句正常退出（达到循环终点或迭代完所有元素）时，执行 else 语句下面的语句序列（else 语句下面可以写多个子句）；否则，如果循环不是正常执行完，如使用 break 中断循环，则不执行 else 中的语句块 2。例 4.22 中的 else 子句没有执行。

【例 4.22】修改例 4.20，逐个输出字符串"student"中的字符，当遇到字符"u"时，退出循环。

```
num = 0
str = "student"
while num < len(str):
        if str[num] == 'u':
                break                        #当读到字符 u 时,强行退出循环
        print("循环进行中:" + str[num])
        num = num + 1
else:
        str = "循环正常结束"                  #循环强行退出,该语句不执行
print(str)
```

运行结果如图 4 - 34 所示。

```
========================= RESTART: D:/python/例4.22.py =========================
循环进行中: s
循环进行中: t
student
>>>
```

图 4 - 34　运行结果

4.3.5　循环结构的嵌套

循环的嵌套是指在一个循环体内包含了另一个完整的循环结构。while 循环和 for 循环不仅可以自身嵌套，还可以互相嵌套。

【例 4.23】编程输出以下形式的乘法九九表。

1*1 = 1　　1*2 = 2　　1*3 = 3　　1*4 = 4　　1*5 = 5　　1*6 = 6　　1*7 = 7　　1*8 = 8　　1*9 = 9

2*1 = 2　　2*2 = 4　　2*3 = 6　　2*4 = 8　　2*5 = 10　2*6 = 12　2*7 = 14　2*8 = 16　2*9 = 18

…

9*1 = 9　　9*2 = 18　9*3 = 27　9*4 = 36　9*5 = 45　9*6 = 54　9*7 = 63　9*8 = 72　9*9 = 81

问题分析：首先观察第一行乘法表的变化规律。被乘数为 1 保持不变，而乘数从 1 变化到 9，每次增量为 1，因此，构造如下循环即可实现，一行乘法表的输出：

```
for j in range(1,10):
    print("{}* {} = {}".format(1,j,1* j),end = '\t')
```

再观察第二行乘法表的变化规律。与第一行唯一不同的是被乘数为 2，而处理过程完全一样，因此，只需将被乘数改为 2，对上述循环再执行一次即可。同理，第三行至第九行只需让被乘数从 3 变化到 9，对上述循环再执行 7 次。因此，在上述循环的外面再加上一个循环，即构成双重循环，就可得到所要求的乘法九九表。

算法的流程图如图 4 - 35 所示。

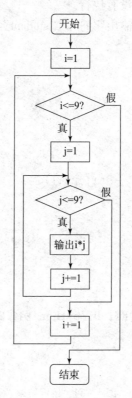

图 4 - 35　九九乘法表流程图

程序如下：

```
for i in range(1,10):
#i 外层循环控制变量,控制行数,同时也是被乘数
        for j in range(1,10):                    #j 内层循环控制变量,同时也是乘数
                print("{}* {}={}".format(i,j,i* j,),end='\t')
        #每个算式打印后,跳到下一个打印区
        print()                              #一行打印结束,输出回车符换行
```

运行结果如图 4-36 所示。

```
======================= RESTART: D:/python/例4.23.py =======================
1*1=1     1*2=2     1*3=3     1*4=4     1*5=5     1*6=6     1*7=7     1*8=8     1*9=9
2*1=2     2*2=4     2*3=6     2*4=8     2*5=10    2*6=12    2*7=14    2*8=16    2*9=18
3*1=3     3*2=6     3*3=9     3*4=12    3*5=15    3*6=18    3*7=21    3*8=24    3*9=27
4*1=4     4*2=8     4*3=12    4*4=16    4*5=20    4*6=24    4*7=28    4*8=32    4*9=36
5*1=5     5*2=10    5*3=15    5*4=20    5*5=25    5*6=30    5*7=35    5*8=40    5*9=45
6*1=6     6*2=12    6*3=18    6*4=24    6*5=30    6*6=36    6*7=42    6*8=48    6*9=54
7*1=7     7*2=14    7*3=21    7*4=28    7*5=35    7*6=42    7*7=49    7*8=56    7*9=63
8*1=8     8*2=16    8*3=24    8*4=32    8*5=40    8*6=48    8*7=56    8*8=64    8*9=72
9*1=9     9*2=18    9*3=27    9*4=36    9*5=45    9*6=54    9*7=63    9*8=72    9*9=81
>>>
```

图 4-36 运行结果

【例 4.24】 计算 $s=1!+2!+3!+\cdots+n!$，n 由键盘输入。

分析：设整型变量 sum 用来存放 n 个数的阶乘的累加之和。

①n 的阶乘可以由下面的 while 循环来实现。

```
term=1                    #term 赋初值,放 n 的阶乘
j=1                       #j 既是循环控制变量,又是乘数
while(j<n):
    term* =j
    j+=1                  #j 的值增加 1
```

②n 个数之和可以由下面的 for 循环来实现。

```
for i in range(n+1):
    sum=sum+i
```

把二者结合在一起，便可实现本题的要求，程序如下：

```
n=eval(input("请输入整数 n:"))
sum=0
for i in range(1,n+1):
    j=1
    term=1
```

```
    while(j <= i):              #while 循环,求 i 的阶乘
        term* = j               #求出 i 的阶乘放到 term 中
        j += 1
    sum = sum + term            #把 term 的值累加到 sum 中
 print("sum = ",sum)
```

运行结果如图 4 – 37 所示。

```
=================== RESTART: D:\python\例4.24.py ===================
请输入整数n:5
sum= 153
```

图 4 – 37   运行结果

【例 4.25】某小组有 3 个学生,每个学生考 4 门课。要求分别统计出每个学生各门课的平均成绩。

问题分析:

首先考虑求一个学生各门课的平均成绩。设置循环控制变量 i 控制课程数,其变化从 1 到 4,每次增量为 1。对于每个学生,每执行一次内循环,就输入一门课程的成绩,并且累加到总分 sum 中。内循环执行 4 次以后,退出内循环,就可以计算和打印该学生的平均分,从而结束该学生的处理。

每个学生的处理过程是一样的,因此,只需对上述流程重复执行 3 遍(即形成双重循环),每遍输入不同学生的各课成绩,即可求得 3 个学生的各门课的平均成绩。设置外循环控制变量 j 控制学生人数,其变化从 1 到 3,每次增量为 1。

程序如下:

```
j = 1
while(j <= 3):               #外层循环,控制学生的人数
    sum = 0
    for i in range(1,5):
        print("Enter NO. {} the score {}:". format(j,i),end = ' ')
                                        #提示输入学生的成绩
        score = eval(input())           #把成绩转换成整数
        sum = sum + score               #求每位学生的总分
        aver = sum/4.0                  #求每位学生的平均成绩
    print("NO. {}aver = {:.2f} \n". format(j,aver))
                                        #打印学生的平均成绩
    j += 1
```

运行结果如图 4 – 38 所示。

程序说明:

① 程序中的变量 sum 作为累加单元,在累加一个学生的总成绩之前,一定要初始化为 0;否则,会将前面学生的总成绩全部加到下一个学生的成绩上。此外,sum 初始化语句的位置也很关键,既不能放在内循环的里面,也不能放在外循环的外面。

```
========================= RESTART: D:\python\例4.25.py =========================
Enter NO.1 the score 1:    90
Enter NO.1 the score 2:    85
Enter NO.1 the score 3:    95
Enter NO.1 the score 4:    90
NO.1aver=90.00

Enter NO.2 the score 1:    98
Enter NO.2 the score 2:    78
Enter NO.2 the score 3:    95
Enter NO.2 the score 4:    88
NO.2aver=89.75

Enter NO.3 the score 1:    95
Enter NO.3 the score 2:    90
Enter NO.3 the score 3:    90
Enter NO.3 the score 4:    92
NO.3aver=91.75
```

图 4-38　运行结果

②使用循环的嵌套结构时，要注意：外层循环应"完全包含"内层循环，不能发生交叉；嵌套的循环控制变量一般不应同名，以免造成混乱。

例如，以下程序中内外循环控制变量同名，显然会造成循环混乱：

```
for i in range(…):
    …
    for i in range(…):
        …
    …
```

本章小结

通过本章的学习，掌握了程序的 3 种基本控制结构：顺序结构、分支结构（选择结构）和循环结构，以及流程中转语句 break 和 continue 的相关知识。

顺序结构是最基本的程序结构，顺序结构中的程序按照从上往下的顺序一条一条地被执行，分支结构则是在顺序结构的程序中加入了判断和选择的成分。在 Python 中，这样的控制成分包括 if、else 和 elif 语句。使用分支结构的好处是可以让程序根据某些条件的成立与否进行不同的选择，从而执行不同的语句块，最终实现不同的功能，更好地满足用户的需求。

循环结构与分支结构不同，其目的主要是消灭程序代码中连续的重复内容，让程序更加简洁，从而提升程序的可读性。通常使用 while 和 for 语句来完成循环结构的控制成分。while 语句是一种判断型循环控制语句，通常在循环的起始位置会设置一个循环条件，只有当循环条件被打破时，循环才会终止；而 for 循环则与之不同，for 循环是一种遍历型循环，也就是说，在循环的起始位置需要设置一个遍历范围或者需要遍历的数据集合。在 for 循环的执行过程，它会将该范围或者集合中的数据带入循环体中逐个执行一遍，直到所有的数据都尝试过为止。

在程序的流程控制过程中，还有几个特别重要的关键字需要关注，分别是 else、break 和 continue，这些关键字在程序的流程控制中起着举足轻重的作用。

习 题 4

一、选择题

1. 可以结束一个循环的保留字是（　　　）。

A. break　　　　　　　B. if　　　　　　　C. exit　　　　　　　D. continue

2. 以下程序的输出结果是（　　　）。

```python
x = 1
y = -1
z = 1
if x > 0:
    if y > 0:
        print('AAA')
elif z > 0:
    print('BBB')
```

A. 无输出　　　　　　　B. 语法错误　　　　　　　C. BBB　　　　　　　D. AAA

3. 以下程序运行后，x 的结果是（　　　）。

```python
a = 3
b = 2
if a > b:
    x = a
  else:
    x = b
```

A. 2　　　　　　　B. 3　　　　　　　C. 2 或 3　　　　　　　D. 程序有语法错误

4. 以下程序的输出结果是（　　　）。

```python
number = 30
if number % 2 == 0:
    print(number,'is even')
elif number % 3 == 0:
    print(number,'is multiple of 3')
```

A. 30 is multiple of 3　　　　　　　B. 30 is even

C. 30 is even 30 is multiple of 3　　　　　　　D. 程序出错

5. 以下程序的输出结果是（　　　）。

```
y = 0
for i in range(0,10,2):
    y += i
print(y)
```

A. 9   B. 30   C. 20   D. 10

6. 若 k 为整型，则下述 while 循环执行的次数为（   ）。

```
k = 10
while k > 1:
    print(k)
    k = k/2
```

A. 4   B. 10   C. 5   D. 死循环

7. range(1,10,3) 的值是（   ）。

A. [1, 4, 7, 10]   B. [1, 4, 7]

C. [0, 3, 6, 9]   D. [0, 1, 4, 7]

8. 以下程序的输出结果是（   ）。

```
x = 0
while x < 6:
    if x%2 == 0:
        continue
    if x == 4:
        break
    x += 1
print("x = ",x)
```

A. 1   B. 4   C. 6   D. 死循环

二、填空题

1. 在循环体中，可以使用＿＿＿＿＿＿＿＿＿＿语句跳过本次循环后面的代码，重新开始下一次循环。

2. range(-1,-12,-2) 的值是＿＿＿＿＿＿。

3. 若 k 为整数，则下列程序执行后，k 的值为＿＿＿＿＿＿。

```
k = 10
while k > 1:
    print(k)
    k = k/2
```

4. 以下程序的输出结果是＿＿＿＿＿＿。

```
y = 0
for i in range(0, -10, -3):
    y += i
print("y = ",y)
```

5. 以下程序的输出结果是_____。

```
a = 40
if a > 20:
    a += 10
else:
    a -= 10
a += 3
print(a)
```

6. 以下程序的输出结果是_____。

```
max = 10
sum = 0
extra = 0
for num in range(1,max):
    if num%2 and not num%3:
        sum += num
    else:
        extra += 1
print(sum,extra)
```

7. 以下程序的输出结果是_____。

```
a = 2
while(a < 5):
    while(a < 4):
        print('a = ',a)
        a = a + 1
    a = a + 2
    print('a = ',a)
```

8. 如果输入4，6，8，1，9，-2，则以下程序的输出结果是_____。

```
number = eval(input())
max = number
while number > 0:
    number = eval(input())
    if number > max:
        max = number
```

```
print(max)
```

三、编程题

1. 输入一个球的半径，求它的表面积和体积。
2. 打印如图 4 – 39 所示的三角形图案。

```
   *
  ***
 *****
*******
```

图 4 – 39　三角形图案

3. 输入 3 个整数，输出其中的最小值。

4. 给出一百分制成绩，要求输出成绩的等级 'A''B''C''D''E'。90 分以上为 'A'，80 ~ 89 分为 'B'，70 ~ 79 分为 'C'，60 ~ 69 分为 'D'，60 分以下为 'E'。

5. 从键盘上依次输入一批数据（以输入 0 作为结束标志），求其最大值，并统计出其中的正数和负数的个数。

6. 将 500 ~ 600 之间能同时被 5 和 7 整除的数打印出来，并统计其个数。

7. 编写程序，输出 100 ~ 1 000 的水仙花数。所谓水仙花数，是指一个其各位数字的立方和等于该数本身的整数。例如，153 是一个水仙花数，因为 $153 = 1^3 + 5^3 + 3^3$。

8. 输入两个正整数，计算它们的最大公约数和最小公倍数。

第 **5** 章

函数与代码复用

学习目标

- 掌握函数的定义和调用方法。
- 理解函数的参数传递过程及变量的作用范围。
- 学会 lambda 函数及其使用。
- 掌握时间日期标准库的使用。
- 理解函数递归的定义和使用方法。
- 理解包的结构和其中函数调用的方法和机制。

函数（Function）是组织好的，可重复使用的，用来实现单一或相关联功能的代码段。函数能提高应用的模块性和代码的重复利用率，从而提高编程的效率和程序的可读性。

Python 中函数的类型分为以下几类：

①Python 的内置函数（Build - in Function，BF）。例如前面使用过的 print（）、input（）等，在程序中可以直接使用。

②标准函数库。Python 语言安装程序的同时会安装若干标准库，如 math、random 等。通过 import 语句可以导入标准函数，然后使用其中定义的函数。

③第三方库函数。Python 为技术人员提供了很多高质量的库，如 Python 图像库等。通过 import 语句可以导入库，然后使用其定义的函数。

④用户自定义函数。用户自己定义一段代码实现特定的功能。本章主要讲述函数的定义和调用的方法。

5.1 函数的定义与调用

函数是能够实现一定功能的一系列语句，在使用之前需要对函数进行定义，Python 中使用关键字 def 来定义函数，形式如下：

```
def 函数名(参数列表):
    ['''文档字符串''']
    [函数体]
    return [返回值列表]
```

【例 5.1】定义一个输出"Hello World"的函数，并且调用函数。

```
def show_hello():  #定义函数名
    '''定义一个函数,输出 Hello World! '''
    print('Hello World')
#函数结束
show_hello()  #调用函数
```

说明：函数名是合法的标识符，命名需要符合标识符命名规则，函数名后有一对括号，括号中包含 0 个或者多个参数，这些参数称为形参（Formal Parameters）。def 定义的函数首行后有一个冒号（:），其后缩进的代码块作为函数体。return 是返回语句，可将值返回给调用方，并且结束函数的调用。

5.1.1 文档字符串

函数体的第一行语句可以是一段说明文档，说明函数的功能，一般由三引号括起来，称为文档字符串（Documentation String 或者 Docstring）。文档字符串可以通过属性__doc__访问得到。例5.1中，如果定义好函数，则执行下列语句：

```
>>>print(show_hello.__doc__)
```

运行后会在屏幕上得到：

```
定义一个函数,输出 Hello World!
```

5.1.2 函数的调用

定义函数后，程序可以调用函数的代码段进行运行，调用方法如下：

```
<函数名>(<参数列表>)
```

函数名是标识符，要符合标识符的命名规则，使用 def 进行定义；参数是传给函数的值，也就是实际参数（Actual Parameters）。

函数调用的步骤：

①调用程序在调用点，暂停执行；

②调用时将实参传给形参；

③程序转到函数，执行函数体中的语句；

④函数执行结束，转回调用函数的调用点，然后继续执行之后的语句。

意大利数学家斐波那契在他的《算盘书》里排了一个数列：1、2、3、5、8、13、…，这个数列揭开了大自然隐秘世界的一角，从第三个数开始，每一个数字是前两个数字的和：5 是 2 加 3；8 是 3 加 5；……，由此得到的这个数列就叫斐波那契数列。

【例5.2】 求出斐波那契数列的前 n 项。

```
def fib(n):
        '''打印斐波那契数列前 n 列'''
        a,b = 1,2                  #将 1,2 两个数分别赋予 a,b
        flag = 1                   #设置循环终止变量 flag 的初始值为 1
        while flag <= n:
#当 flag 小于要计算的斐波那契数列的列数时循环
            print(a,end = ' ')     #打印斐波那契数列的某一列
            a,b = b,a + b          #计算斐波那契数列的下一列
            flag += 1              #标志增加 1
#假如 n = 10,可以采用如下语句调用函数
fib(10)                            #计算并且输出斐波那契数列的前 10 列
```

程序运行结果如图 5-1 所示。

```
>>>
====================== RESTART: C:/python/5.2.py =======================
1 2 3 5 8 13 21 34 55 89
>>>
```

图 5-1 运行结果

调用函数时，需要注意函数的参数值的匹配问题，如果函数定义时没有参数，调用时也

不需要给出参数，只需要写（ ）就可以了。

【例5.3】定义没有参数的函数。

```
def printHello():
    print('Hello Python')
for i in range(1,4,1):            #设置循环次数是3次
    printHello()
```

程序运行结果如图5-2所示。

```
======================== RESTART: C:/python/5.3.py ========================
Hello Python
Hello Python
Hello Python
...
```

图5-2 运行结果

函数 printHello( ) 定义时就没有形参，所以，调用函数时不需要定义实参。执行顺序和带形参的函数完全相同，从调用点转向函数。函数执行完后，回到调用点继续执行后续程序代码。

5.1.3 函数的返回值

return 语句可以将函数执行完后的运行结果返回给调用函数处的语句。返回结果可以是对象，也可以是值。

【例5.4】判断学生的成绩等级，成绩大于90是优秀，大于80小于89是良好，大于70小于79是中等，大于60小于69是及格，小于60是不及格。

```
mark = eval(input("请输入学生的成绩"))
#设置 mark 变量接收 eval 函数输入的学生成绩
def grade(mark):#定义函数名称为 grade
    if mark >= 90:
#判断学生成绩等级,根据判断返回成绩等级
        return "优秀"
    elif mark >= 80:
        return "良好"
    elif mark >= 70:
        return "中等"
    elif mark >= 60:
        return "及格"
    else:
        return "不及格"
print(grade(mark))
```

第一次运行，输入学生成绩90，程序运行结果如图5-3所示。

再次运行，输入学生成绩75，程序运行结果如图5-4所示。

```
=========================== RESTART: C:/python/5.4.py ===========================
请输入学生的成绩90
优秀
```

图5-3　运行结果（1）

```
=========================== RESTART: C:/python/5.4.py ===========================
请输入学生的成绩75
中等
```

图5-4　运行结果（2）

　　程序运行时，按顺序从函数体的第一行开始执行，当执行到 return 语句时，就返回到调用处。

　　当函数没有 return 语句时，即没有给出要返回的值时，Python 会给它一个 None 值。None 是程序中的特殊类型，代表"无"。

　　如果程序需要有多个返回值，则既可以将多个值包装成列表之后返回，也可以直接返回多个值。如果 Python 函数直接返回多个值，Python 会自动将多个返回值封装成元组。

　　【例5.5】已知一组数据，计算其中是数值的元素的和及其平均值。

```
def sum_and_avg(list):          #定义函数,名称为 sum_and_avg
    sum = 0                     #定义变量 sum 接收一组数的和,初始值为 0
    count = 0                   #定义一个变量 count,计算数据变量的个数
    for e in list:             #在 list 数据中遍历
        if isinstance(e,int) or isinstance(e,float):
#如果元素 e 是数值
            count += 1
            sum += e
    return sum,sum/count        #返回数据中数值元素的和及平均值
my_list = [15,12,18,'a',25,30]
'''获取 sum_and_avg 函数返回的多个值,多个返回值被封装成元组'''
tp = sum_and_avg(my_list)
#元组 tp 接收函数返回的数值元素的和及平均值
print(tp)
```

程序运行结果如图5-5所示。

```
=========================== RESTART: D:/python/例5.5.py ===========================
(100, 20.0)
```

图5-5　运行结果（1）

　　上面程序中的 return 语句返回了多个值，当 tp = sum_and_avg(my_list) 语句调用该函数时，该函数返回的多个值将会被自动封装成元组，因此程序看到 tp 是一个包含两个元素（由于被调用函数返回了两个值）的元组。

　　将例5.5中最后两行语句用下列语句替代，程序运行结果如图5-6所示。

```
s,avg = sum_and_avg(my_list)          #定义两个变量接收函数返回的值
print("输入序列中是数值的元素的和是{}".format(s))
print("输入序列中是数值的元素的平均值是{}".format(avg))
```

```
======================= RESTART: D:/python/例5.5_1.py =====================
输入序列中是数值的元素的和是100
输入序列中是数值的元素的平均值是20.0
```

图 5-6 运行结果 (2)

5.1.4 匿名函数

在 Python 语言中，除了 def 语句用来定义函数外，还可以使用匿名函数 lambda，它是 Python 中一种生成函数对象的表达式形式。匿名函数通常创建了可以被调用的函数，它返回了函数，而并没有将这个函数命名；普通函数需要依靠函数名去调用，但匿名函数没有，所以需要把这个函数对象复制给某个变量进行调用。

匿名函数的定义形式如下：

```
lambda 参数列表:表达式
```

关键字 lambda 表示匿名函数，冒号前面的表示函数参数，可以有多个参数。匿名函数只能有一个表达式，不用写 return 语句，返回值就是该表达式的结果。用匿名函数有个好处：函数没有名字，所以不必担心函数名冲突。此外，匿名函数也是一个函数对象，可以把匿名函数赋值给一个变量，再利用变量来调用该函数。

有些函数在代码中只用一次，并且函数体比较简单，使用匿名函数可以减少代码量，看起来比较"优雅"。

```
>>> list(map(lambda x:x* x,[1,2,3,4,5,6,7,8,9]))   #求一组数据的平方值
```

输出:[1,4,9,16,25,36,49,64,81]

```
>>> s = lambda:"Hello world!".upper()#定义无参数匿名函数,将字母改成大写
>>> print(s())
```

输出：HELLO WORLD!

【例 5.6】 输入英文方向单词：up，down，left，right，程序输出相应的中文：向上、向下、向左、向右。

```
a = {'left':lambda:print("左"),'right':lambda:print("向右"),\
'up':lambda:print("向上"),'down':lambda:print("向下")}
#使用匿名函数定义一个字典
b = input("请输入方向")
if b in a:
    a[b]()     #最后小括号不要丢弃,这对小括号表示调用的是匿名函数
else:
    print("不存在的指令")
```

· 88 ·

程序运行结果如图5-7所示。

```
======================== RESTART: D:\python\例5.6.py ========================
请输入方向up
向上
>>>
======================== RESTART: D:\python\例5.6.py ========================
请输入方向below
不存在的指令
```

图5-7　运行结果

5.2　函数参数的传递

函数调用时，需要将实参传递给形参。默认是按顺序逐个传递，要求传递的实参和形参在顺序和个数上要一致，否则调用时会出错。Python还提供了其他参数传递形式，如默认参数、使用参数的位置和名称传递参数。

5.2.1　默认参数和可变数量参数

定义函数时，可以直接为某些形参指定默认值。如果调用函数时没有传入对应参数的值，则使用定义函数时的默认值。

【例5.7】参数传递及函数调用范例。

```python
def say(name = 'python',time =3):   #定义一个函数,它的形参有初始值
    i =1
    while i <= time:
        print(name,end = ' ')
        i +=1
    print()
say()                               #使用默认参数
say('hello')
#'hello'以第一个参数传给name,time仍然使用默认值
say(5)
#5 以第一个参数传给name,time仍然使用默认值
say('hello',5)
#不使用默认值,使用传递的实际参数运行函数体
```

程序运行结果如图5-8所示。

```
======================== RESTART: D:/python/例5.7.py ========================
python python python          #两个参数都使用默认值
hello hello hello             #'hello'以第一个参数传入函数,第二个参数time使用默认值
5 5 5                         #5作为第一个参数传入函数,第二个参数time使用默认值
hello hello hello hello hello #不使用默认值,使用传递的实际参数运行函数体
>>> |
```

图5-8　运行结果

Python 还支持不定长参数（Arbitrary Argument Lists），也就是参数数量是可变的，为此，定义函数时，在参数前面添加 * 来实现。带有星号的可变参数只能出现在参数列表的最后，调用时，这些参数被当作元组类型传递给函数。

【例5.8】输出两位学生的课程成绩单及各自的平均成绩，保存为 funVarArgs. py。

```python
def grade(name,num,* scores):   #定义函数,参数 scores 是可变参数
    print(name + ":",end = '')
    print("{}门课程成绩为:". format(num),end = '')
    ave = 0
    for var in scores:              #将每一门课的成绩打印出来
        print(var,end = ' ')
        ave = ave + var             #计算课程的分数之和
    ave = ave/num                   #计算课程平均值
    print("\n 平均成绩为{:.2f}". format(ave))       #打印平均成绩
#接下来调用函数
grade("Zhang",3,88,90,98)
grade("Huang",4,92,96,95,69)
```

因为两个学生的课程数目不一样，所以传递的成绩需要是不定长参数。调用以后，以元组的形式存入形参 scores 中。因为元组是一种序列结构，所以在函数中可以用 for 语句访问，将各科成绩逐个输出并且用于计算平均成绩。

程序运行结果如图 5-9 所示。

```
===================== RESTART: D:/python/例5.8. py =====================
Zhang:3门课程成绩为: 88 90 98
平均成绩为92.00
Huang:4门课程成绩为: 92 96 95 69
平均成绩为88.00
```

图 5-9　运行结果

5.2.2　参数的位置和名称传递

函数调用时，实参默认采用按照位置顺序的方式传递给形参，如例 5.7 中的 say(5)，默认传递给了 name，如果想将它传递给 time，那么该如何操作呢？这时可以采用按照名称传递的方式解决。

如果将例 5.7 中的 say(5) 改为 say(time = 5)，则输出结果如图 5-10 所示。

```
===================== RESTART: D:/python/例5.7. py =====================
python python python
hello hello hello
python python python python python
hello hello hello hello hello
```

图 5-10　运行结果

如果有多个参数需要传递，参数传递时指定名称，可以增加函数的可读性，并且不容易

出错，如以下函数定义了 3 个点的二维坐标值：

```
fun(x1,y1,x2,y2,x3,y3):
result = fun(1,2,3,4,5,6)
```

只看调用的语句，很不容易读懂，如果使用 result = fun(x1 = 1,y1 = 2,x2 = 3,y2 = 4,x3 = 5,y3 = 6），则容易读懂。如果采用形参名称输入参数，形参顺序可以任意调整。如果上述语句改成 result = fun(x1 = 1,x2 = 3,x3 = 5,y1 = 2,y2 = 4,y3 = 6），则不会影响程序的运行结果。

5.3　变量的作用域

程序运行离不开变量，但是 Python 程序中的变量不是在程序中的所有地方都能访问的，能否访问取决于变量赋值的位置。根据变量赋值的位置不同，将变量分为全局变量和局部变量。不同的变量类型决定程序中能访问变量的范围，也就是变量的作用域。

5.3.1　局部变量

在函数内部赋值的变量是局部变量，它只能在定义它的函数中被访问。

【例 5.9】局部变量作用域范例。

```
def fun(scale):
    radius = 30          #局部变量值为 30
    radius = radius * scale
    area = 3.14159 * radius ** 2
    print("fun:半径是%d的圆的面积是"% radius,area)
fun(0.5)                 #将比例值传给函数 fun
area = 3.14159 * radius ** 2
print("main:半径是%d的圆的面积是"% radius,area)
```

程序运行后，输出如下报错信息：

```
NameError:name 'radius' is not defined
```

程序中 fun( ) 定义的 radius 是局部变量，在 fun 内部可以使用，但是离开函数后，radius 就不能被访问了。

5.3.2　全局变量

在函数之外赋值的变量是全局变量，它可以被整个程序中的其他语句使用。

【例 5.10】全局变量的作用域范例。

```
def fun(scale):
    area = 3.14159 * (radius * scale) ** 2
    print("fun:半径是%d的圆的面积是%f"%(radius * scale,area))
radius = 10        #radius 定义为全局变量,值为 10
```

```
fun(0.5)
area =3.14159* radius** 2
print("main:半径是%d 的圆的面积是"% radius,area)
```

执行该程序后，运行效果如图 5 - 11 所示。

```
=============== RESTART: D:\python\例5.10.py ================
main:半径是10的圆的面积是 314.159
fun:半径是5的圆的面积是78.539750
```

图 5 - 11　运行效果

程序中的 radius 是全局变量，因此，在程序中其他任何位置都可以访问 radius，包括 fun 函数中也可以使用该变量来计算圆的面积。

在函数中也可以使用全局变量，但是需要注意两个问题：

①在函数中对全局变量使用赋值语句，就将全局变量改成了局部变量，此时需要对局部变量赋值，否则报错。

②在函数中使用与全局变量相同名称的局部变量，会覆盖全局变量。

【例 5.11】在函数体中使用赋值语句给全局变量赋值，需要给局部变量赋初值。

```
def fun( scale):
    radius =radius* scale
    area =3.14159* radius** 2
#函数体中对 area 变量赋值,area 成为局部变量了
    print("fun:半径是%d 的圆的面积是%f"%( radius,area))
radius =10
area =3.14159* radius** 2
print("main:半径是%d 的圆的面积是"% radius,area)
fun(0.5)
```

程序运行后报错：

```
UnboundLocalError:local variable 'radius' referenced before assign-
ment(赋值前引用的局部变量"radius")
```

需要在函数体中给 radius 赋初值，或者声明它是全局变量，并在主程序中定义初值，就可以进行运算了。可以使用 global 进行修改。

【例 5.12】使用 global 显式声明全局变量。

```
def fun( scale):
     global radius
#将 radius 声明为全局变量,其在函数体外被定义了
    radius =radius* scale        #按比例系数计算 radius 的新值
    area =3.14159* radius** 2     #计算圆的面积
    print("fun:半径是%d 的圆的面积是%f"%( radius,area))
radius =10
```

```
area =3.14159* radius** 2
print("main:半径是%d的圆的面积是"% radius,area)
fun(0.5)
```

程序运行结果如图 5 – 12 所示。

```
======================= RESTART: D:\python\例5.12.py =======================
main:半径是10的圆的面积是 314.159
fun:半径是5的圆的面积是 78.53975
```

图 5 – 12 运行结果（1）

如果将 fun（0.5） 放在 area = 3.14159 * radius * * 2 语句前，会得到如图 5 – 13 所示结果。

```
======================= RESTART: D:\python\例5.12.py =======================
fun:半径是5的圆的面积是 78.53975
main:半径是5的圆的面积是 78.53975
```

图 5 – 13 运行结果（2）

这是因为函数中的 radius 是全局变量，在函数中对 radius 赋值后，所有语句再次使用 radius 变量时，都会使用新值。

在函数中使用同名的局部变量也是可以的，这时局部变量和全局变量有各自的作用域，互不影响。

【例5.13】同名的局部变量会覆盖掉全局变量的值。

```
def fun(scale):
     radius =40    #定义局部变量 radius 的值是40
     radius =radius* scale
     area =3.14159* radius** 2
     print("fun:半径是%d的圆的面积是"% radius,area)
radius =10      #全局变量 radius 的值是10
fun(0.5)
area =3.14159* radius** 2
print("main:半径是%d的圆的面积是"% radius,area)
```

程序运行结果如图 5 – 14 所示。

```
======================= RESTART: D:\python\例5.13.py =======================
fun:半径是20的圆的面积是 1256.636
main:半径是10的圆的面积是 314.159
```

图 5 – 14 运行结果

5.4 递归函数

函数在定义中调用自身的方式称为递归。

5.4.1 函数的递归定义

函数被定义，实际是将代码封装成一个程序段，可以被其他程序调用。当然，也可以被该函数内部其他语句调用。这种在函数定义中调用自身的方式称为递归。递归在数学和计算机应用方面作用非常强大，能够很简洁地解决重要问题。

数学中学习的阶乘就可以使用递归来求解。阶乘的定义如下：

$$n! = n*(n-1)*(n-2)*\cdots*1$$

为了实现这个阶乘算法，可以使用简单的循环累积。观察 5! 的计算，如果去掉 5，就是计算 4!，推广来看，$n! = n*(n-1)!$，实际上这个关系给出了计算阶乘的另一个算法：

$$n! = \begin{cases} 1, & n=1 \\ n*(n-1)!, & n=2,3,4,\cdots \end{cases}$$

这个定义是说明 1 的阶乘是 1，其他数字的阶乘定义为这个数字乘以比它小 1 的数的阶乘。递归不是循环，因为每次递归都会计算比它更小数的阶乘，直到 1!。1! 是 1，被称为递归的基例，或者称为递归头。当递归到底时，就需要一个能直接算出值的表达式。

阶乘的例子包括递归的两个关键部分：

①定义递归结束条件，就是说什么时候不再调用自身了。如果没有申明结束循环的条件，就会陷入死循环。

②递归体，也就是什么时候调用自身的方法。

5.4.2 递归的使用方法

以阶乘计算为例，可以把阶乘计算写成一个单独的函数。

【例 5.14】阶乘的计算。

```
def fact(n):
    if n==1:                    #申明递归函数结束的条件,当n=1时,不再调用自身了
        return 1
    return n* fact(n-1) #递归体,自身调用自身
n = eval(input("请输入要求的阶乘的数:"))
print("%d 的阶乘是"%n,fact(n))
```

程序运行结果如图 5-15 所示。

```
================ RESTART: D:/python/例5.14.py =================
请输入要求的阶乘的数：5
5 的阶乘是 120
```

图 5-15　运行结果

fact() 函数在其定义内部调用了自身，形成递归。无限制的递归将耗尽计算资源，因此需要设计基例使递归逐层返回。fact() 函数通过 if 语句给出了 n=1 时的基例，当 n=1 时不再递归，返回数值 1；如果 n 为其他正整数，则返回 $n*(n-1)!$。

递归遵循函数的语义，每次调用都会引起新函数的开始，表示它有本地变量值的副本，包括函数的参数。5 的阶乘递归过程如图 5－16 所示。

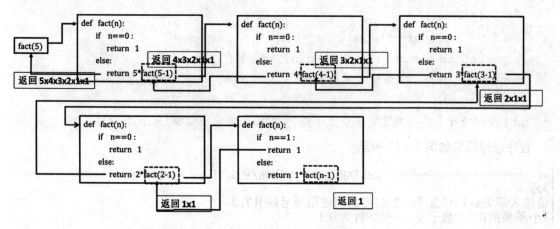

图 5－16　递归函数流程控制图

其实递归是有规律可循的，并且可以看到它甚至还有一定的格式。

①为防止无休止地调用下去，可以加条件判断，满足某种条件后，便不再做递归调用，然后逐层返回。

②函数的递归调用可以分为两个阶段：一是递推阶段，将原问题不断地分解为新的子问题，最终达到已知的条件，这时递推阶段结束；二是回归阶段，从已知条件出发，按照递推的逆过程，逐一求值回归，最终到达递推的开始处，完成递归调用。

【例 5.15】把 M 个同样的苹果分放在 N 个同样的盘子里，允许有的盘子空着不放，问共有多少种不同的分法？例如，M = 7，N = 3，则有（7，0，0）、（6，1，0）、（5，2，0）、（5，1，1）、（4，3，0）（4，2，1）、（3，3，1）和（3，2，2）共 8 种分法。注意，（5，1，1）和（1，5，1）是同一种分法。

解题分析：

设 f（m，n）为 m 个苹果、n 个盘子的分法数目，则先对 n 做讨论：

①当 n > m 时，则必定有 n － m 个盘子永远空着，去掉它们，对摆放苹果方法数目不产生影响。即 f（m，n）= f（m，m）。

②当 n ≤ m 时，分法可以分成两类：含有 0 的方案数和不含有 0 的方案数。

含有 0 的方案数，即有至少一个盘子空着，即相当于 f（m，n）= f（m，n － 1）；不含有 0 的方案数，即所有的盘子都有苹果，相当于可以从每个盘子中拿掉一个苹果，不影响不同方法的数目，即 f（m，n）= f（m － n，n）。总的放苹果的方法数目等于两者的和，即 f（m，n）= f（m，n － 1）+ f（m － n，n）。

递归出口条件说明：

当 n = 1 时，所有苹果都必须放在一个盘子里，所以返回 1；

当 m = 0（没有苹果可放）时，定义为 1 种方法。

程序如下：

```
def f(m,n):
```

```
        if(n==1 or m==0):    #定义递归结束条件
            return 1
        if(n>m):
            return f(m,m)
        return f(m,n-1)+f(m-n,n)    #函数自身调用自身
m,n=eval(input("请输入苹果m=? 和盘子n=? 二者之间使用逗号隔开"))
sum=f(m,n)
print("%d个苹果放在%d个盘子里,一共%d种方法!"%(m,n,sum))
```

程序运行结果如图 5-17 所示。

```
==================== RESTART: D:/python/例5.15.py ====================
>>>
请输入苹果m=? 和盘子n=? 二者之间使用逗号隔开7,3
7个苹果放在3个盘子里，一共8种方法！
```

图 5-17 运行结果

5.5 标准函数库概述

Python 标准库非常庞大，所提供的组件涉及范围十分广泛。这个库包含了多个内置模块（以 C 编写），Python 程序员必须依靠它们来实现系统级功能，例如文件 I/O。此外，还有大量用 Python 编写的模块，提供了日常编程中许多问题的标准解决方案。其中有些模块经过专门设计，通过将特定平台功能抽象化为平台中立的 API 来鼓励和加强 Python 程序的可移植性。

Windows 版本的 Python 安装程序通常包含整个标准库，往往还包含许多额外组件。在这个标准库以外还存在成千上万并且不断增加的其他组件（从单独的程序、模块、软件包，直到完整的应用开发框架）。下面以 datetime 为例，简单讲述标准库的使用方法。

datetime 模块为日期和时间处理同时提供了简单和复杂的方法。支持日期和时间算法的同时，实现的重点放在更有效的处理和格式化输出。该模块还支持时区处理。

datetime 库以格林尼治时间为基础，每天有 3 600×24 秒精准定义。该库包括两个常量：datetime. MINYEAR 和 datetime. MAXYEAR，分别表示 datetime 所能表示的最小和最大年份，值分别是 1 和 9 999。

datetime 库以类的方式提供多种日期和时间的表示方式。

①datetime. date：日期表示类，可以表示年、月、日等。

②datetime. time：时间表示类，可以表示小时、分钟、秒和毫秒等。

③datetime. datetime：日期和时间表示类，功能覆盖 date 和 time 类。

④datetime. timedelta：与时间间隔有关的类。

⑤datetime. tzinfo：与时区有关的信息表示类。

datetime. datetime 的类表达形式最为丰富，下面介绍它的使用方法。注意，使用 datetime 需要使用 import 导入 datetime 模块。

```
from datetime import datetime
```

使用该函数，运行结果如图 5 – 18 所示。

```
>>> from datetime import datetime
>>> today=datetime.now()
>>> today
datetime.datetime(2019, 12, 1, 11, 25, 25, 671699)
```

图 5 – 18　运行结果

5.6　Python 的内置函数

Python 语言中提供了 68 个内置函数，这些内置函数不需要引用直接就可以使用，见表 5 – 1。

表 5 – 1　**Python** 内置函数列表（列出了常用的 **52** 个）

函数名	函数功能	函数名	函数功能
abs( )	求绝对值	issubclass( )	检查一个类是否为另一个类的子类
all( )	判断参数中是否所有数据都是 True	len( )	返回对象长度
any( )	判断参数中是否存在一个为 True 的数据	list( )	构造列表数据
bin( )	将十进制数转换为二进制数	map( )	将参数中的所有数据用指定的函数遍历
bool( )	将参数转换成逻辑型数据	max( )	返回给定元素中最大值
bytes( )	将参数转换成字节型数据	memoryview( )	返回给定参数的内存查看对象
chr( )	返回对应的 ASCII 字符	min( )	返回给定元素中的最小值
complex( )	创建一个复数	next( )	返回一个可迭代数据结构中的下一项
delattr( )	删除对象的属性	oct( )	将参数转换成八进制
dict( )	创建一个空的字典类型的数据	open( )	打开文件
dir( )	没有参数时，返回当前范围内的变量、方法和定义的类型列表；带参数时，返回参数的属性和方法列表	ord( )	求参数字符的 ASCII 码
divmod( )	分别求商与余数	pow( )	幂函数
enumerate( )	返回一个可以枚举的对象	print( )	输出函数
eval( )	计算字符串参数中表达式的值	range( )	根据需要生成一个范围
float( )	将参数转换为浮点数	reversed( )	反转、逆序对象

续表

函数名	函数功能	函数名	函数功能
format( )	格式化输出字符串	round( )	对参数进行四舍五入
frozenset( )	创建一个不可修改的集合	set( )	创建一个集合类型的数据
getattr( )	获取对象的属性	setattr( )	设置对象的属性
global( )	声明全局变量	sorted( )	对参数进行排序
hasattr( )	判断对象是否具有特定的属性	str( )	构造字符串类型的数据
hash( )	获得一个对象的哈希值	sum( )	求和函数
hex( )	返回参数的十六进制数	super( )	调用父类的方法
id( )	返回对象的内存地址	tuple( )	构造元组类型的数据
input( )	获取用户输入的内容	type( )	显示对象所属的类型
int( )	将参数转换成整数	zip( )	将两个可迭代对象中的数据逐一配对
isinstance( )	检查对象是否为类的实例	__import( )__	用于动态加载类和函数

部分常用函数说明如下。

abs( ) 函数：返回数字的绝对值。参数可以是整数或浮点数。如果参数为复数，则返回绝对值。

all( ) 函数：一般针对组合数据类型。如果其中所有元素都是 True，则返回 True；否则，返回 False。需要注意的是，整数 0、空字符串 " "、空列表 [ ] 等都被当作 False。

any( ) 函数：如果组合类型中有任意一个数据是 True，则返回 True；全部元素是 False 时，则返回 False。

reversed( ) 函数：返回输入组合数据类型的逆序形式。

id( ) 函数：返回对象的"身份"，唯一编号。这是一个整数，可以保证在此对象的生存期内唯一且恒定。具有不重叠生命周期的两个对象可能具有相同的 ID 值。

sorted( ) 函数：对一个序列进行排序，默认从小到大。

type( ) 函数：返回每个数据对应类型。

```
>>> list1 =[1,0,5,3,4]
>>> all(list1)              #判断 list1 列表中是不是所有元素都
                            #是 True
False
>>> any(list1)              #判断参数中是否存在一个为 True 的数据
True
>>> id(list1)              #返回 list1 列表的地址
60066312
>>> list(reversed(list1))   #将 list1 列表逆序
[4,3,5,0,1]
```

```
>>> sorted(list1)                        #将 list1 列表从小到大排序
[0,1,3,4,5]
>>> list1
#虽然对 list1 进行很多操作,但是 list1 地址中的原始值没有改变
[1,0,5,3,4]
>>> sorted(list1,reverse = True)         #将 list1 列表从大到小排序
[5,4,3,1,0]
>>> type(list1)                          #显示 list1 列表所属的类型
< class 'list' >
```

5.7　代码复用和模块化程序设计

程序是由一条条语句组成的,当程序功能复杂,代码行数很多时,如果不采用一定的组织方法,就会使程序的可读性较差,维护起来难度较大。

Python 语言从代码层面采用函数和对象两种抽象方式,分别对应面向过程和面对对象编程思想。

①使用函数将完成特定功能的代码进行封装,然后通过函数的调用完成该功能。

②将一个或者几个相关的函数保存为 .py 文件,构成一个模块。导入该模块就可以调用模块中定义的函数。

③一个或者多个模块连同一个特殊的文件__init__.py,保存在一个文件夹下,形成包(package)。包能方便地分层次组织模块。

通过下面的例子讲解模块化程序设计的编程思想。

【例5.16】 编写程序完成:输入任意数 a, b 及整数 n,使用二项式定理计算 $(a+b)^n$。

根据数学的基本知识,二项式定理计算表示如下:

$$(a + b)^n = C_n^0 a^n b^0 + C_n^1 a^{n-1} b^1 + \cdots + C_n^k a^{n-k} b^k + \cdots + C_n^n a^0 b^n = \sum_{k=0}^{n} C_n^k a^{n-k} b^k$$

其中,二项式系数为组合数 C_n^k,求解方法如下:

$$C_n^k = n!/(k!(n-k)!)$$

根据公式,二项式的计算可以分解为以下几个子问题:

①求整数的阶乘。

②求解组合数。

③求解二项式中的各项。

④求解各项的累加和。

其中每个子问题都可以使用函数来实现,由于阶乘和组合数可以使用的场合较为普遍,因此可以将其封装在模块 combinatorial 中供其他程序使用,该模块对应的文件为 combinatorial.py。将二项式各项的求解和各项之和求解密切关联,将其封装在模块 bino 中,文件名为 bino.py。然后将这两个模块用目录结构的方法组织成包,保存在 binomial 文件夹中。程序整体结构如图 5 - 19 所示。

【例5.17】 求解二项式的相关函数,保存为 bino.py。

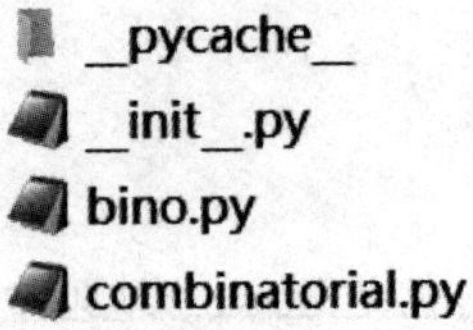

📄 __pycache__
📄 __init__.py
📄 bino.py
📄 combinatorial.py

图 5 – 19   模块化程序设计的文件结构

```
from combinatorial import*          #导入 combinatorial 模块中的所有函数
def term(a,b,n,k):                  #计算各项系数
    t =comb(n,k)* a** (n-k)* b**k   #系数的表达式
    return t
def sum(a,b,n):                     #定义求所有项的和函数
    item =0
    for k in range(n +1):
        print(k)
        item =item +term(a,b,n,k)
    return item
if __name__ =='__main__':           #判断当前程序文件是否以主程序被执行
    a,b,n =map(int,input("请输入二项式系数 a,b 及项数 n:").split(" "))
    print(sum(a,b,n))
```

combinatorial 模块的代码如下。

【例 5.18】 求解组合数的相关函数，保存为 combinatorial. py。

```
def fac(N):               #定义一个计算阶乘的函数
    term =1
    for i in range(1,N +1):
        term =term* i
    return term
def comb(M,N):            #定义一个求组合数的函数
    a =fac(M)
    b =fac(N)
    c =fac(M-N)
    return(a/b/c)
```

5.7.1   模块及其引用方法

模块是一个以 . py 为扩展名的文件，文件由语句及函数组成。例如，文件 ABC. py 是一个名为 ABC 的模块。文件定义成模块后，只要在其他函数或者主函数中引用该模块，就可以通过调用该模块中的函数来实现，达到代码重用的目的。此外，使用模块还可以避免函数名和变量名的冲突。在不同的模块中可以使用相同名称的函数和变量。

1. 模块的引用

主程序及其他程序中如果要使用模块中定义的变量或者函数，首先要引用模块。引用模块的方法见表5-2。

表5-2　模块引用方法

项目	方法一	方法二
模块引用	import 模块名	from 模块名 import 函数名 或者：from 模块名 import *
引用示例	import combinatortial	from combinatorial import *
函数调用	模块名 . 函数名	函数名
函数调用实例	combinatorial. fac(10)	fac(10)

2. 搜索路径

引用模块时，解释器会进行搜索，以找到模块所在的位置。搜索按以下顺序进行。

①当前工作目录下，即包括 import 语句的代码。

②PYTHONPATH（通过环境变量进行设置）。

③Python 默认的安装路径。

所有搜索路径都存放在系统内置模块 sys 的 path 变量中，可以使用以下方式查看。

```
>>> import sys
>>> sys. path
```

输出类似以下的结果来显示当前环境的搜索路径（路径示范，并非全部路径）。

['','C:\\Program Files(x86)\\Python37 – 32 \\Lib \\idlelib ', 'C:\\Program Files(x86)\\Python37 – 32 \\python37. zip ', 'C:\\Program Files(x86)\\Python37 – 32 \\DLLs ', 'C:\\Program Files(x86)\\Python37 – 32 \\lib ', 'C:\\Program Files(x86)\\Python37 – 32 ', 'C:\\Program Files(x86)\\Python37 – 32 \\lib \\site – packages ']

其中，路径列表的第一个元素为空字符串，代表当前目录。导入模块时，解释器会按照列表的顺序搜索，直到找到第一个模块。如果模块所在路径不在搜索路径中，也可以调用 append 函数来增加模块所在的绝对路径。例如：

```
>>> sys. path. append("d:\l")
```

则将需要的路径增加到搜索路径中。这个方法在重启解释器时会失效。

3. 模块的__name__属性

模块的初始化只能在该模块第一次被引用时，即遇到 import 时执行，这样可以避免模块被多次执行。如果想知道模块是自己运行的还是被其他模块引入的，可以使用__name__。在例5.17 中，bino 模块中有如下代码。

```
if __name__ == "__main__":
    a,b,n = map(int,input("请输入二项式系数 a,b 及项数 n:").split(" "))
    print(sum(a,b,n))
```

表示如果模块是自己运行的，即运行该模块的代码__name__属性值为__main__，则只要输入 3 个数，再调用 sum( ) 函数，即可完成二项式的计算。

4. dir 函数

内置函数 dir( ) 返回当前模块或指定模块中定义的对象名称。例如，要显示 sys 模块中定义对象的名称，可以使用如下代码（只给出了部分值，要查看全部值，请在交互环境中运行该函数）。

```
>>> dir(sys)
['__breakpointhook__','__displayhook__','__doc__','__excepthook__',
'__interactivehook__','__loader__','__name__','__package__','__spec__',
'__stderr__','__stdin__','__stdout__','_base_executable','_clear_type_
cache','_current_frames','_debugmallocstats','_enablelegacywindowsf-
sencoding','_framework',…
```

dir( ) 函数调用时如果没有参数，例如：

```
>>> a = 5
>>> import binomial,sys
>>> dir()
['__annotations__','__builtins__','__doc__','__loader__','__name__',
'__package__','__spec__','a','sys']
```

则显示当前定义的模块和属性的名称。

5.7.2 包

包是 Python 引入的分层次文件目录结构，它定义了一个由模块、子包及子包下的子包等组成的 Python 的应用环境。引入包后，只要顶层的包名不与其他包的名称冲突，那么所有模块都不会与其他包的名称起冲突。

Python 的每个包目录下面都会有名为__init__. py 的特殊文件，该文件可以是空文件，但是必须存在，它表明这个目录不是普通的目录结构，而是一个包，里面包含模块。

Python 的包下面还可以有子包，即可以有多级目录，以组成多级层次的包结构。同样，在每个子包文件夹下也都需要一个__init__. py 文件。

world 包下还有 asia 和 africa 两个子包，而这两个子包中各自包含模块 h1 和 h2。test 模块可以用来测试，如图 5-20 所示。

test. py 是主程序，其中导入各个包的模块，并且调用各个包中的模块。test. py 的代码如下：

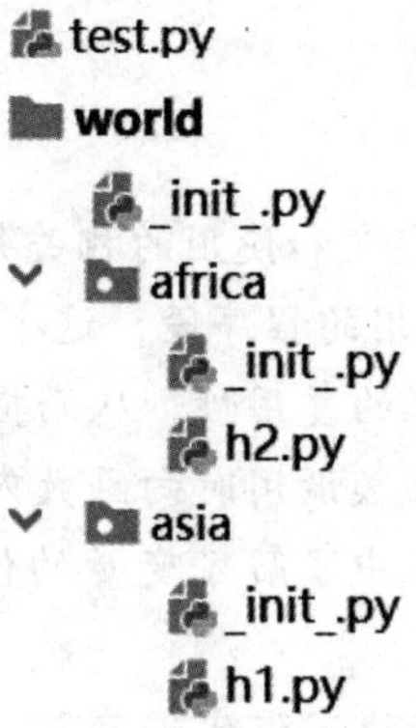

图5-20　复杂Python项目的包结构

```
import world. asia. h1              #引用包中模块的方法1
from world. africa import h2        #引用包中模块的方法2
world. asia. h1. hello()            #引用模块中的函数方法1
h2. hello()                        #引用模块中的函数方法2
```

world 包中的文件__init__. py 包含导入该包时需要执行的初始化代码，程序如下：

```
if __name__ == '__main__':
    print("从主程序开始运行")
else:
    print("包 world 初始化")
```

__init__. py 文件包含导入该包时需要执行的初始化代码：

```
#h1. py
def hello():
    str = "this is asia"
    print(str)
```

h. py 是包含在包 asia 中的模块，其中包含 hello 函数。

```
#h2. py
def hello():
    str. "this is africa"
    print(str)
```

h2. py 是包含在包 africa 中的模块，其中包含另外一个 hello 函数。

从命令行执行 test. py 命令行，输出如下结果。

```
包 world 初始化
this is asia
this is africa
```

test. py 中给出了两种引入包中模块的方法，对应地，调用模块中的函数也有两种方法。从该例也可以看出，虽然模块 h1 和模块 h2 中有同名的函数 hello，但是由于所属的模块不同，所以调用时并无冲突。

本章小结

本章主要讲述 Python 中函数的定义和使用的相关知识。

函数（Function）是指可重复使用的程序段，这个程序段通常实现特定的功能。在程序中通过调用（Calling）函数提高代码的复用性，从而提高编程效率及程序的可读性。

为了更好地使用函数，可以在函数调用时向函数内部传递参数。本章介绍了各种形式的传递方法，并在学习函数参数的过程中了解了变量的使用范围。根据变量的使用范围不同，变量分为全局变量和局部变量。

除了函数，Python 还可以利用模块实现代码重用。所谓模块，就是一个包含了一系列函数的程序文件，同时，将一系列的模块文件放在同一个文件夹中构成包。包是可以对模块进行管理的有效工具，大大提高了代码的可维护性和重用性。

可以编写自己定义的函数、模块和包，也可以使用 Python 提供的各种包。Python 提供的包也称为内置函数库，前面学过的 turtle 小海龟便是众多内置函数库中的一个。更重要的是，除了 Python 的内置函数库，全世界还有非常多的程序员编写了实现各种功能的第三方函数库，需要这些功能时，只需将它们的代码导入自己的程序中即可。这种基于大量第三方函数库的编程方式，正是 Python 语言的魅力所在！

习 题 5

一、填空题

1. Python 标准库 math 中用来计算平方根的函数是_____。
2. 查看变量类型的 Python 内置函数是_____。
3. 查看变量内存地址的 Python 内置函数是_____。
4. 表达式 sorted([111,2,33],key = lambda x：$-$len(str(x))) 的值为_____。
5. 如果有定义 g = lambda x:2 * x + 1，输入 g(5)，则输出_____

二、程序阅读题和填空题

1. 写出下面代码的运行结果。

```
def sum(a,b =3,c =5):
    return sum([a,b,c])
print(sum(a =8,c =2),end =' ')
print(sum(8),end =' ')
print(sum(8,2),end =' ')
```

2. 写出下面代码的运行结果。

```
def sum( * p):
    return sum(p)
print(sum(3,5,8),end = ' ')
print(sum(8),end = ' ')
print(sum(8,2,10),end = ' ')
```

3. 阅读下面的代码，解释其功能：_____

```
>>> import string
>>> x = string. ascii_letters + string. digits
>>> import random
>>> print(''. join(random. sample(x,10)))
```

三、编程题

1. 计算 $1 - \dfrac{1}{2} + \dfrac{1}{3} - \dfrac{1}{4} + \cdots + (-1)^{n-1}\dfrac{1}{n}$ 的值（考虑递归和非递归两种编程方式）。

2. 编写函数，判断一个数字是否为素数，是，则返回字符串 YES；否则，返回字符串 NO。再编写测试函数。

3. 小球从 100 m 的高度自由落下，每次落地后反弹回原高度的一半，再落下……定义函数 cal()，用来计算小球在第 n 次落地时，共经过多少米及第 n 次反弹多高。定义全局变量 Sn 和 Hn，分别存储小球经过的路程和第 n 次的高度。主函数输入 n 的值，并调用 cal() 函数计算输出 Sn 和 Hn 的值。

4. 编写函数 sum()，可以接收任意多个整数并输出所有整数之和。

输入样例：1，2，3

第 **6** 章

数据结构

学习目标

- 掌握列表和元组等序列结构的操作方法。
- 掌握字符串的常见操作方法。
- 掌握字典数据结构的操作方法。
- 掌握集合数据结构的操作方法。

为了在计算机程序中表示现实世界中更加复杂的数据，Python 除了提供数字和字符串等数据类型外，还提供了列表（list）、元组（tuple）、字典（dictionary）和集合（set）等复杂类型的数据结构。本章将介绍如何使用这些数据结构来表示实际需求中的数据，并对这些数据进行常见的操作处理。

<h2 style="text-align:center">6.1　列　　表</h2>

列表是 Python 中最常用的数据结构之一，一个列表中可以存放多个数据。列表的显著特征如下：

①列表中的每个元素都是可变的，意味着可以对每个元素进行修改和删除；

②列表是有序的，每个元素的位置是确定的，可以用索引去访问每个元素；

③列表中的元素可以是 Python 中的任何对象，这就意味着元素可以是字符串、整数、元组，也可以是列表等 Python 中的对象。

6.1.1　列表的创建与访问

创建一个列表，使用方括号［ ］将用逗号分隔的元素括起来即可。例如：

```
>>> x = [1,2,3]
>>> y = {'name':'Sakura'}          #Python 中另一种数据结构——字典
>>> z = "Test"
>>> a = [x,y,z]
>>> a
[[1,2,3],{'name':'Sakura'},'Test']
```

也可以通过 list 将序列创建为列表。Python 中包含 6 种内建的序列：列表、元组、字符串、Unicode 字符串、buffer 对象和 xrange 对象。

```
>>> list("Hello,world")
['H','e','l','l','o',',','w','o','r','l','d']
```

其实 list 是一种类型，并非函数，但此处二者并无多大区别。tuple、dict 都如此。

列表中元素的访问，可以使用索引或分片访问方式。例如：

```
>>> x[1]
2
>>> x[1:3]
[2,3]
```

6.1.2　列表赋值

可以将列表数据通过赋值存放到单个变量中，然后通过索引值为列表特定位置的元素赋值，还可以通过分片为列表中的部分元素赋值。值得注意的是，赋值语句除了可以实现列表中元素的替换外，还可以在列表末端添加新的元素、插入新的元素及删除元素等。例如：

```
>>> list =[1,2,3,'a','b','c']
>>> list[2] = 4               #将列表中的数字3用数字4替换
>>> list[6:] =['d','e']       #通过赋值语句给列表添加新的元素
>>> list
[1,2,4,'a','b','c','d','e']
>>> list [3:3] =[5,6]         #插入新的元素
>>> list
[1,2,4,5,6,'a','b','c','d','e']
>>> list [1:5] =[]            #删除元素
>>> list
[1,'a','b','c','d','e']
```

6.1.3 删除列表中的元素

除了通过赋值语句删除元素外，del 函数也可以删除列表中元素。例如：

```
>>> list2 =[1,2,3,'a','b','e']
>>> del list2[5]
>>> list2
[1,2,3,'a','b']
```

6.1.4 列表数据的操作方法

列表中有很多的方法，本节主要介绍对列表中元素进行增、删、查、改的方法。例如：

```
>>> name =['Zhao','Qian','Sun','Li']
>>> name. append('Zhou')   #append 方法向现有的列表中追加新的元素
>>> name
['Zhao','Qian','Sun','Li','Zhou']
>>> name. append('Wu','Zheng')    #增加两个元素
Traceback(most recent call last):
File "<pyshe11#15 >",line 1,in <module >
name. append('Zhou',Wu)
TypeError:append()takes exactly one argument(2 given)   #程序报错
```

append 方法每次只能在列表末尾追加一个元素，想要追加很多元素，就需要用到 extend 方法。

```
>>> name1 =['Wu','Zheng','Wang']
>>> name. extend(name1)   #extend 方法向现有的列表末端追加一个列表
```

```
>>> name
['Zhao','Qian','Sun','Li','Zhou','Wu','Zheng','Wang']
```

通过列表的 insert 方法可以将新元素插入列表指定位置。例如：

```
>>> number = [1,2,3,5,6,7,8]
>>> number. insert(3,4)    #第一个值3是索引,第二个值4是要插入的值
>>> number
[1,2,3,4,5,6,7,8]
```

列表中的 index 方法可以找出某个值的第一个匹配项的索引值，如果列表中不包含要找的数据，Python 会给出相应的报错信息。例如：

```
>>> name = ['Zhao','Qian','Sun','Li']
>>> name. index('zhao')
0
>>> name. index('Wang')
Traceback(most recent call last):
File "<pyshell#9>",line 1,in <module>
name. index('Wang')
ValueError:'Wang' is not in list
```

count 方法可以用来统计某个元素在列表中出现的次数。

```
>>> list3 = ['a','b','e','d','e','r']
>>> list3. count('e')
2
```

列表中的 pop 方法可以移除列表中的某个元素（默认是最后一个元素），并返回该元素的值。例如：

```
>>> number = [1,2,3]
>>> number. pop()
3
>>> number
[1,2]
>>> number. pop(0)
1
>>> number
[2]
```

列表中的 remove 方法可以移除列表中某个元素的第一个匹配项，与 index 方法一样。如果没有找到相应的元素，则 Python 会产生报错。例如：

```
>>> char = ['a','b','c','a']
>>> char. remove('a')
```

```
>>> char
['b','c','a']
>>> char. remove('d')
Traceback(most recent call laat):
File" <pyshe11#24 >",line 1,in <module >
char. remove('d')
ValueError:list. remove(x):X not in list
```

列表中的 reverse 方法将列表中的元素反向放置，这个操作也被称为逆置。例如：

```
>>> number =[1,2,3,4,5,6]
>>> number. reverse()
>> number
[6,5,4,3,2,1]
```

列表中的 sort 方法可以对列表进行排序，默认的排序方式为从小到大。例如：

```
>>> number =[3,2,1,5,4,6]
>>> number. sort()
>>> number
[1,2,3,4,5,6]
```

6.1.5　常用列表函数

除了上述针对列表的操作方法外，还可以使用表 6 – 1 中的函数来对列表类型的数据进行加工和处理。

表 6 –1　内置的操作列表的函数

函数名	函数功能
len(list)	求列表中元素的个数
max(list)	求列表中元素的最大值
min(list)	求列表中元素的最小值

6.2　元　　组

元组可以理解为一个固定的列表，一旦初始化，其中的元素便不可修改，只能对元素进行查询。元组使用小括号（）将数据包含起来，而列表使用方括号［］。元组的主要作用是作为参数传递给函数调用，或是从函数调用那里获得参数时，保护其内容不被外部接口修改。

6.2.1　创建元组

```
>>> test =(1,2,3)
>>> test
```

```
(1,2,3)
>>> test[1]=4        #修改其中某个元素时报错
Traceback(most recent call last):
  File "<input>",line 1,in<module>
TypeError:'tuple' object does not support item assignment
>>> test[1:1]=4      #修改其中分片元素时报错
Traceback(most recent call last):
  File "<input>",line 1,in<module>
TypeError:'tuple' object does not support item assignment
>>> test[1]
2
```

由以上可知，tuple 不支持对元素的修改（包括删除），tuple 一经初始化，便固定下来了。

6.2.2　元组的特点

再看如下例子：

```
>>> test=('a','b',['A','B'])
>>> print(test)
('a','b',['A','B'])
>>> test[2][0]='x'
>>> test[2][1]='y'
>>> test
('a','b',['x','y'])
```

这里元组中的元素看似改变了，仔细分析可以发现，元组中的第三个元素是一个列表。代码 test[2][0]='x' 改变的是列表中的值，元组所指的这个元素列表并没有改变。这就涉及 Python 中的可变对象和不可变对象，像 list 这样的就是可变对象，tuple 便是不可变对象。

空元组由不包含任何内容的一对小括号表示。例如：

```
>>> ()
()
```

需要特别注意的是，要编写包含单个值的元组，值后面必须加一个逗号。
例如：

```
>>> (12,)
(12,)
```

这样做是因为若括号中只有一个数据而没有逗号，则不表示元组。例如，（12）和 12 是完全一样的。

```
>>>(12)
12
```

6.2.3　元组的操作

因为元组是固定的列表，所以其内置的大多数方法和列表是差不多的。可以通过 tuple 将序列转换为元组，用法和 list 的一样。

```
>>> tuple('Hello,world!')
('H','e','l','l','o',',','w','o','r','l','d','!')
```

元组的索引访问与列表的类似，从零开始，可以分片访问。值得注意的是，其支持反向读取，例如：

```
>>> tup = (1,2,3,4,5)
>>> tup[4]
5
>>> tup[1:]
(2,3,4,5)
>>> tup[-1]
5
```

前面已经说过，元组中的元素值是不允许修改的，但可以使用多个现有元组来创建新的元组。例如：

```
>>> tup1 = (1,2,3,4,5)
>>> tup2 = ('a','b','c','d','e')
>>> tup3 = tup1 + tup2
>>> tup3
(1,2,3,4,5,'a','b','c','d','e')
```

通过创建新的元组，就可以得到想要的元组数据了。

元组中的元素值是不允许删除的，但可以使用 del 语句来删除整个元组。例如：

```
>>> tup = (1,2,3,4,5)
>>> del tup
>>> tup
Traceback(most recent call last):
File "<pyshell#19>",line 1,in <module>
tup
NameError:name 'tup' is not defined
```

在上例的最后一条语句中，对 tup 变量的访问之所以会出错，就是因为该变量已经被删除了。

6.2.4 常用元组函数

除了上述针对元组的操作方法外，还可以使用表6－2中的函数来对元组类型的数据进行加工和处理。

表6－2 内置的操作元组的函数

函数名	函数功能
len(tuple)	求列元组元素的个数
max(tuple)	求列元组元素的最大值
min(tuple)	求列元组元素的最小值

6.3 字 符 串

字符串或串（String）是由数字、字母、下划线组成的一串字符，用一对引号包含。它是编程语言中表示文本的数据类型。通常以串的整体作为操作对象，如字符串在串中查找某个子串、求取一个子串、在串的某个位置上插入一个子串及删除一个子串等。两个字符串相等的充要条件是：长度相等，并且各个对应位置上的字符都相等。

6.3.1 字符串的表示

字符串是 Python 中最常用的数据类型。可以使用单引号（'）或者双引号（"）来表示字符串。

创建字符串很简单，只要为变量赋值即可。例如：

```
>>> var1 = 'Hello World!'
>>> var2 = "python"
```

6.3.2 字符串的截取

可以使用方括号［］来截取字符串。例如：

```
>>> var1 = 'Hello World!'
>>> var1[0]
'H'
>>> var1[1:5]
'ello'
>>> var1[5:]
' World!'
```

6.3.3 连接字符串

与元组类似，连接字符串是在原字符串的基础上连接其他字符串形成一个新的字符串。例如：

```
>>> var1 = 'Hello World! '
>>> var2 = 'python'
>>> var3 = var1 + var2
>>> var3
'Hello World! python'
```

也可以使用切片操作，在字符串末尾添加指定长度的字符串。例如：

```
>>> var1 += var2[0:2]
>>> var1
'Hello World! py'
```

6.3.4 格式化字符串

Python 支持格式字符串的输出，基本的用法是将一个字符串插入另外一个有字符串格式符%的字符串中。例如：

```
>>> math = 95
>>> print('You got %d points in the exam' % (math))
You got 95 points in the exam
```

在%左侧放置需要格式化的字符串，右侧放置希望格式化的值。这个值可以是字符串或者元组、字典。格式化字符串的"%d"部分称为格式说明符，它们标记了需要插入转换值的位置。表6-3列出了可用的格式说明符及其含义。

表6-3 字符串格式化中格式说明符的含义

格式说明符	含义
%c	格式化单个字符
%s	格式化字符串（使用 str 转换任意 Python 对象）
%d	格式化带符号的十进制整数
%u	格式化不带符号的十进制整数
%o	格式化不带符号的八进制整数
%x	格式化不带符号的十六进制整数（小写）
%X	格式化不带符号的十六进制整数（大写）
%f	格式化十进制浮点数
%e	用科学计数法格式化浮点数（小写）
%E	用科学计数法格式化浮点数（大写）

在格式化浮点数时，可以设置浮点数的宽度和精度。字符宽度是转换后的值所保留的最小字符数，精度则是结果中应该包含的小数位数，或者是转换后的值所能包含的最大字符数。宽度和精度这两个参数都是整数并通过（.）分割。例如：

```
>>> '%10.2f' % 3.1415926      #字段宽10,精度为2
'      3.14'
```

在宽度和精度之前还可以放置零进行填充。例如:

```
>>> '%010.2f' % 3.1415926   #用 0 填充
'0000003.14'
```

上面这种方法是采用类似于 C 语言的格式化方法,同样,还常用 format 函数,例如:

```
>>> math = 95
>>> print('You got {} points in the exam'.format(math))
You got 95 points in the exam
```

这种方法的好处是不用指定数据格式,思维更偏向 Python 一些。

f - string 是 Python 3.6 以后新有的特性。利用这种特性,上述问题可以写成:

```
>>> math = 95
>>> print(f'You got {math} points in the exam')
You got 95 points in the exam
>>> a,b,c,d = 60,80,75,90
>>> print(f'Result:Halen - {a} Alan - {b} Gale - {c} Vincent - {d}')
Result:Halen - 60 Alan - 80 Gale - 75 Vincent - 90
```

只有在字符串前添加 f 标识,才可以直接把变量放入大括号中。

6.3.5 字符串的操作方法

capitalize() 方法将字符串中首字母转换成大写,其余字符转换成小写,例如:

```
>>> str = "this is string example from this book...wow!!!"
>>> print("str.capitalize():",str.capitalize())
#该方法返回一个首字母大写的字符串
str.capitalize():This is string example from this book...wow!!!
>>> str = "123 hello PYTHON"
>>> print("str.capitalize():",str.capitalize())
#如果首字符不是字母,那么不会转换成大写,但是其余字符依然转换成小写
str.capitalize():123 hello python
```

find() 方法的作用是检测字符串中是否包含子字符串 str,如果指定 beg(开始)和 end(结束)范围,则检查是否包含在指定范围内。如果指定范围内包含指定索引值,则返回的是索引值在字符串中的起始位置;如果不包含索引值,则返回 -1。注意:字符串的 find 方法并不返回布尔值。如果返回的是 0,则证明在索引 0 位置找到了子串。例如:

```
>>> str1 = "This example...wow!!!"
>>> str2 = "exam"
```

```
>>> print(str1.find(str2))
5
>>> print(str1.find(str2,5))
5
>>> print(str1.find(str2,10))
-1
```

join() 方法用于将序列中的元素以指定的字符连接，生成一个新的字符串，例如：

```
>>> str1 = " - "
>>> str2 = ""
>>> str3 = ("b","o","o","k")
>>> print(str1.join(str3))
b - o - o - k
>>> print(str2.join(str3))
book
```

replace() 方法是把字符串中的 old（旧字符串）替换成 new（新字符串），如果指定第三个参数 max，则替换不超过 max 次。例如：

```
>>> str = " www. dycold. edu. cn "
>>> print("旧地址:",str)
旧地址:www. dycold. edu. cn
>>> print("新地址:",str. replace("dycold. edu. cn "," dyc. edu. cn "))
新地址:www. dyc. edu. cn
```

split() 方法是 join() 方法的逆方法。该方法可以将原字符串分割成新的字符串，在不提供任何分隔符的情况下，该方法默认将空格作为分隔符。例如：

```
>>> string =1* 2* 3* 4* 5
>>> string. split('*')
['1','2','3','4','5']
```

strip() 方法可以去除字符串两端的空格。例如：

```
>>> string = 'I Love Python'
>>> string. strip()
'I Love Python'
```

使用字符串的 lower() 和 upper() 方法将字符串中的大小写进行转换。例如：

```
>>> var1 = 'Hello World! '
>>> var2 = 'python'
>>> var1 = var1. lower()              #将字符串均转换为小写字母
>>> var1
```

```
'hello world!'
>>> var2 = var2.upper()          #将字符串均转换为大写字母
>>> var2
'PYTHON'
```

6.4 字 典

字典（dict）这个概念就是基于现实生活中字典原型，生活中使用名称－内容对数据进行构建，Python 中使用键（key）－值（value）存储，也就是 C++ 中的 map。字典有如下特征：

①字典中的数据必须以键值对的形式出现。

②键不可重复，值可重复。键若重复，字典中只会记该键对应的最后一个值。

③字典中的键（key）是不可变的，为不可变对象，不能进行修改；而值（value）是可以修改的，可以是任何对象。在 dict 中是根据 key 来计算 value 的存储位置的，如果每次计算相同的 key 得出的结果不同，那么 dict 内部就完全混乱了。

6.4.1 字典的创建

字典由多个键值对组成，键和值之间通过冒号分割，所有的键值对用大括号括起来，键值对之间使用逗号分隔。

```
>>> d = {'a':1,'b':2,'c':3}
```

可以使用 dict，通过其他映射或者键值对的序列建立字典。

```
>>> test =[('name','Sakura'),('age',20)]
>>> d = dict(test)
>>> d
{'name':'Sakura','age':20}
```

也可以使用 dict 关键字参数创建字典，还可以用映射作为字典参数。字典若不带任何参数，将返回一个空字典。

```
>>> d = dict(name = 'Sakura',age =20)
>>> d
{'name':'Sakura','age':20}
>>> a = dict()
>>> a
{}
```

6.4.2 字典的操作

可以采用键值对的方法和 update() 方法向字典中添加元素。删除可以使用关键字 del 及 pop() 方法。例如：

```
>>> week = {'Mon':1,'Tue':2,'Wen':3,'Thu':4}
>>> print("initial week:",week)
initial week:{'Mon':1,'Tue':2,'Wen':3,'Thu':4}
>>> week['Fri'] = 5                    #增加
>>> print("after week['Fri'] = 5:",week)
after week['Fri'] = 5:{'Mon':1,'Tue':2,'Wen':3,'Thu':4,'Fri':5}
>>> del week['Fri']                    #删除
>>> print("after del week['Fri']:",week)
after del week['Fri']:{'Mon':1,'Tue':2,'Wen':3,'Thu':4}
>>> week.update({'Fri':5})             #增加
>>> print("after week.update({'Fri':5}):",week)
after week.update({'Fri':5}):{'Mon':1,'Tue':2,'Wen':3,'Thu':4,'Fri':5}
>>> week. pop('Fri')                   #删除
5
>>> print("after week. pop('Fri'):",week)
after week. pop('Fri'):{'Mon':1,'Tue':2,'Wen':3,'Thu':4}
```

查询采用如查询列表元素的索引方式，使用键作为索引查找值，若元素不存在，则会报错。在进行查找前，可以通过以下两种方法判断 key 是否存在：

①成员资格运算符——in 运算符。

②get( ) 方法（值不存在时，返回 NULL，也可以指定返回的值）。

例如：

```
>>> test = {'Mon':1}
>>> 'Fri' in test
False
>>> test. get('Fri')
>>> test. get('Fri', -1)
-1
```

值得注意的是，对值的修改可以采用直接覆盖原值的方法。dict 中的元素是无序的，不可以采用分片。

字典的 copy( ) 方法返回一个具有相同键值对的新字典。例如：

```
>>> x = {'a':1,'b':[2,3,4]}
>>> y = x. copy()
>>> y['a'] = 5
>>> y['b']. remove(3)
>>> y
{'a':5,'b':[2,4]}
>>> x
{'a':1,'b':[2,4]}
```

可以看出，在副本中替换值时，原始字典并不受影响，但是如果修改了某个值，原始字典就会改变。

clear 函数用于清除字典中的所有项，例如：

```
>>> d = {'one':1,'two':2,'three':3,'four':4}
>>> print(d)
{'one':1,'two':2,'three':3,'four':4}
>>> d.clear()
>>> print(d)
{}
```

请看如下例子：

```
>>> d = {}
>>> dd = d
>>> d['one'] = 1
>>> d['two'] = 2
>>> print(dd)
{'one':1,'two':2}
>>> print(d)
{'one':1,'two':2}
>>> d.clear()
>>> print(d)
{}
>>> print(dd)
{}
```

fromkeys() 函数使用给定的键建立新的字典，键默认对应的值为 None，例如：

```
>>> d = dict.fromkeys(['three','two','one'])
>>> print(d)
{'three':None,'two':None,'one':None}
>>> d = dict.fromkeys(['three','two','one'],'unknow')
>>> print(d)
{'three':'unknow','two':'unknow','one':'unknow'}
```

items() 将所有的字典项以列表方式返回，列表中的项来自键值对，例如：

```
>>> d = {'three':3,'two':2,'one':1}
>>> print(d)
{'three':3,'two':2,'one':1}
>>> list = d.items()
>>> for key,value in list:
        print(key,':',value)
```

```
three:3
two:2
one:1
```

keys() 将字典中的键以列表形式返回，例如：

```
>>> d = {'one':1,'two':2,'three':3}
>>> print(d)
{'one':1,'two':2,'three':3}
>>> list = d. keys()
>>> print(list)
dict_keys['one','two','three']
>>> d = {'one':1,'two':2,'three':3}
>>> print(d)
{'one':1,'two':2,'three':3}
>>> print(d. setdefault('one',1))
1
>>> print(d. setdefault('four',4))
4
>>> print(d)
{'one':1,'two':2,'three':3,'four':4}
```

values() 以列表的形式返回字典中的值。由于在字典中值不是唯一的，所以列表中可以包含重复的元素，例如：

```
>>> d = {
    'one':123,
    'two':2,
    'three':3,
    'test':2
    }
>>> d. values()
dict_values([123,2,3,2])
```

6.4.3　常用的字典函数

常用的字典的方法及操作见表6-4。

表6-4　字典操作及其功能

字典操作	操作功能描述
len(dict)	字典长度
str(dict)	打印字典

续表

字典操作	操作功能描述
dict. clear( )	清除字典
dict. copy( )	复制字典副本
dict. fromkeys( )	创建一个新字典,以序列 seq 中的元素做字典的键,val 为字典所有键对应的初始值
dict. get(key, default = None)	返回指定键的值,如果键不存在,则返回一个 default 值
dict. items( )	返回一个列表,元素为字典的键值对元组序列
dict. keys( )	返回一个迭代器记录键值
dict. pop(key)	删除对应键值对
dict. popitem( )	随机删除一对键值
dict. setdefault(key, default = None)	如果键不存在,将会添加键并将值设置为 default
dict. update(dict2)	将 dict2 的键值对更新到 dict 上
dict. values( )	返回一个迭代器记录值

6.5 集 合

Python 的集合(Set)和数学中的定义一致,是一个无序不重复元素集。可以通过集合去判断数据的从属关系,也可以通过集合把数据结构中重复的元素减掉。集合可做集合运算,可添加和删除元素。

6.5.1 创建集合

Python 中使用 set( ) 函数创建集合。例如:

```
>>> set('123456')
{'1','4','3','6','2','5'}
```

集合的一个重要特点就是内部元素不允许重复。例如:

```
>>> set('aabbecddee')
{'b','d','a','e','c'}
```

6.5.2 集合的操作

创建集合时,可以用 list 作为输入集合,可通过 add( ) 方法增加元素、remove( ) 方法删除元素。添加集合数据有两种方法,分别是 add( ) 和 update( )。

```
>>> test = set([1,2,3])
>>> test
{1,2,3}
>>> test.add(3)
```

```
>>> test
{1,2,3}
>>> test.add(6)
>>> test
{1,2,3,6}
>>> test.remove(3)
>>> test
{1,2,6}
```

集合的 add( ) 方法是把传入的元素作为一个整体传入集合中。例如：

```
>>> a = set('I Love')
>>> a.add('python')
>>> a
{'o','v','I','e','python',' ','L'}
```

集合的 update( ) 方法是把要传入的元素拆分，作为个体传入集合中。例如：

```
>> a = set('I Love')
>>> a.update('python')
>>> a
('h','o','p','y','t','I','e','n','y',' ','L')
```

删除集合数据的方法为 remove( )，可以删除集合中已有的数据元素，其使用方法如下。

```
>>> a = set('12345')
>>> a.remove('5')
>>> a
{'1','4','3','2'}
```

6.5.3　集合的数学运算

Python 中也可以进行集合之间的交、并等运算。例如：

```
>>> x = set('spam')
>>> y = set(['h','a','m'])
>>> x,y
(set(['a','p','s','m']),set(['a','h','m']))
>>> x & y              #交集
set(['a','m'])
>>> x |y               #并集
set(['a','p','s','h','m'])
>>> x - y              #差集
set(['p','s'])
```

6.5.4 集合的常用操作

集合的常用操作见表6-5。

表6-5 集合操作及其功能

集合操作	操作功能描述
len(set)	集合长度
set.add(obj)	为集合添加元素
set.clear()	移除集合中的所有元素
set.copy()	复制一个集合
set.difference()	返回多个集合的差集
set.difference_update()	移除集合中的元素，该元素在指定的集合也存在
set.discard()	删除集合中指定的元素
set.intersection()	返回集合的交集
set.intersection_update()	删除集合中的元素，该元素在指定的集合中不存在
set.isdisjoint()	判断两个集合是否包含相同的元素，如果没有，返回 True；否则，返回 False
set.issubset()	判断指定集合是否为该方法参数集合的子集
set.issuperset()	判断该方法的参数集合是否为指定集合的子集
set.pop(obj)	移除指定元素
set.remove(obj)	移除指定元素
set.symmetric_difference()	返回两个集合中不重复的元素集合
set.symmetric_difference_update()	移除当前集合中与另外一个指定集合相同的元素，并将另外一个指定集合中不同的元素插入当前集合中
set.union()	返回两个集合的并集
set.update()	给集合添加元素

本章小结

要想准确、高效地写出 Python 代码，对标准库里的序列类型的掌握是不可或缺的。Python 序列类型最常见的分类就是可变和不可变序列。但另外一种分类方式也很有用，就是把它们分为扁平序列和容器序列。前者的体积更小、速度更快，并且用起来更简单，但是它只能保存一些原子性的数据，比如数字、字符和字节。容器序列则比较灵活，但是当容器序列遇到可变对象时，用户就需要格外小心了，因为这种组合时常会出现一些"意外"，特别是带嵌套的数据结构出现时，用户要多费一些心思来保证代码正确。

列表推导和生成器表达式则提供了灵活构建和初始化序列的方式，这两个工具都异常强大。

元组在 Python 里扮演了两个角色，它既可以用作无名称的字段的记录，又可以看作不可变的列表。当元组被当作记录来用时，拆包是最安全、可靠的从元组里提取不同字段信息的方式。新引入的 * 句法让元组拆包的便利性更上一层楼，让用户可以选择性地忽略不需要的字段。具名元组也已经不是一个新概念了，但它似乎没有受到应有的重视。就像普通元组一样，具名元组的实例也很节省空间，但它同时提供了方便地通过名字来获取元组各个字段信息的方式。

Python 里最受欢迎的一个语言特性就是序列切片，并且很多人其实还没完全了解它的强大之处。重复拼接 seq * n 在正确使用的前提下，能让人们方便地初始化含有不可变元素的多维列表。增量赋值 += 和 *= 会区别对待可变和不可变序列。在遇到不可变序列时，这两个操作会在背后生成新的序列。但如果被赋值的对象是可变的，那么这个序列会就地修改，然而这也取决于序列本身对特殊方法的实现。

序列的 sort 方法和内置的 sorted 函数虽然很灵活，但是用起来都不难。这两个方法都比较灵活，是因为它们都接受一个函数作为可选参数来指定排序算法如何比较大小，这个参数就是 key 参数。key 还可以被用在 min 和 max 函数里。

 习　题　6

一、单选题

1. 关于列表，下面描述不正确的是（　　　）。

A. 元素类型可以不同　　　　　　　　B. 长度没有限制

C. 必须按顺序插入元素　　　　　　　D. 支持 in 运算符

2. 下列删除列表中最后一个元素的函数是（　　　）。

A. del　　　　　　B. pop　　　　　　C. remove　　　　　　D. cut

3. 下列函数中，用于返回元组中元素最小值的是（　　　）。

A. len　　　　　　B. max　　　　　　C. min　　　　　　D. tuple

4. 关于元组数据结构，下面描述正确的是（　　　）。

A. 插入的新元素放在最后　　　　　　B. 支持 in 运算符

C. 所有元素数据类型必须相同　　　　D. 元组不支持切片操作

5. 下列代码的输出结果是（　　　）。

```
list1 = [1,2,3]
list2 = list1
list3 = list2
list1.remove(1)
print list3[1]
```

A. 3　　　　　　　B. 1　　　　　　　C. 2　　　　　　　D. 程序报错

6. 下列程序的输出结果是（　　　）。

```
a = [60,70,80]
print(a * 2)
```

A. [60, 70, 80, 60, 70, 80]　　　　　B. [120, 140, 160]

C. [66, 77, 88]　　　　　　　　　　D. [60, 70, 80]

7. 表达式 (36, 48, 90) + (88) 的结果是（　　）。

A. (36, 48, 90, (88))　　　　　　　B. (36, 48, 90, 88)

C. [36, 48, 90, 88]　　　　　　　　D. 程序出错

8. 在字典中，查找一个键和查找一个值的速度，（　　）更快些。

A. 相同快　　　　　B. 值　　　　　C. 键　　　　　D. 无法比较

二、填空题

1. Python 序列类型包括字符串、列表和元组三种，_____是 Python 中唯一的映射类型。

2. Python 中的可变数据类型有_____和_____。

3. 如果要从小到大地排列列表的元素，可以使用_____方法实现。

4. 元组使用_____存放元素，列表使用的是方括号。

5. 下列程序的输出结果是_____。

```
sum = 0
for i in range(12):
    sum += i
print(sum)
```

6. 下列程序的输出结果是_____。

```
a = [60,70,80]
b = a
b[1] = 90
print(a[1])
```

7. 下面程序的输出结果是_____。

```
def func(lst):
    for i in range(len(lst) -1):
        for j in range(i +1,len(lst)):
            if lst[i] < lst[j]:
                lst. insert(i,lst. pop(j))
            else:
                pass
        else:
            return lst
    return -1
lst1 = [6,2,4,1,5,9]
lst2 = func(lst1)
```

```
lst2[3:-2]=[]
print lst1
```

8. 下列语句的执行结果为_____。

{5，6，7} & {6，7，8}

三、编程题

有集合 {11，22，33，44，55，66，77，88，99，90}，将所有大于 66 的值保存至字典的第一个 key 中，将小于 66 值保存至第二个 key 中。

第7章

文件操作和数据格式化

学习目标

- 掌握异常处理的方法。
- 掌握文件的使用：文件的打开、关闭和读写。
- 掌握一、二维数据的处理方法和高维数据的处理方法。

7.1　文件的使用

文件是存储在辅助存储器上的一组数据序列，可以包含任何数据内容。Python 提供了必要的函数和方法进行默认情况下的文件基本操作。可以用 file 对象做大部分的文件操作。

7.1.1　文件的打开

使用 Python 来读写文件是非常简单的操作。可以先用 open( ) 函数打开一个文件，创建一个 file 对象，传递相应参数才可以对其进行读写。打开文件的方式：r，w，a，r +，w +，a +，rb，wb，ab，rb +，wb +，ab +，见表 7 - 1。默认使用的是 r（只读）模式。

表 7 - 1　不同模式打开文件的完全列表

模式	描述
r	以只读方式打开文件。文件的指针将会放在文件的开头。这是默认模式
rb	以二进制格式打开一个文件用于只读。文件指针将会放在文件的开头。这是默认模式
r +	打开一个文件用于读写。文件指针将会放在文件的开头
rb +	以二进制格式打开一个文件用于读写。文件指针将会放在文件的开头
w	打开一个文件只用于写入。如果该文件已存在，则将其覆盖；如果该文件不存在，则创建新文件
wb	以二进制格式打开一个文件只用于写入。如果该文件已存在，则将其覆盖；如果该文件不存在，则创建新文件
w +	打开一个文件用于读写。如果该文件已存在，则将其覆盖；如果该文件不存在，则创建新文件
wb +	以二进制格式打开一个文件用于读写。如果该文件已存在，则将其覆盖；如果该文件不存在，则创建新文件
a	打开一个文件用于追加。如果该文件已存在，文件指针将会放在文件的结尾。也就是说，新的内容将会被写入已有内容之后。如果该文件不存在，创建新文件进行写入
ab	以二进制格式打开一个文件用于追加。如果该文件已存在，文件指针将会放在文件的结尾。也就是说，新的内容将会被写入已有内容之后。如果该文件不存在，创建新文件进行写入
a +	打开一个文件用于读写。如果该文件已存在，文件指针将会放在文件的结尾，文件打开时会是追加模式；如果该文件不存在，创建新文件用于读写
ab +	以二进制格式打开一个文件用于读写。如果该文件已存在，文件指针将会放在文件的结尾，文件打开时会是追加模式；如果该文件不存在，创建新文件用于读写

语法：

```
file object = open( file_name [ ,access_mode ][ ,buffering ])
```

参数说明如下：

- file_name：file_name 变量是一个包含了要访问的文件名称的字符串值。
- access_mode：access_mode 决定了打开文件的模式：只读、写入、追加等。这个参数是非强制的，默认文件访问模式为只读（r）。
- buffering：如果 buffering 的值被设为 0，就不会有寄存；如果 buffering 的值取 1，访问文件时会寄存行；如果将 buffering 的值设为大于 1 的整数，表明这就是寄存区的缓冲大小；如果取负值，寄存区的缓冲大小则为系统默认。

绝对路径和相对路径：

①绝对路径：从磁盘根目录开始一直到文件名。

②相对路径：同一个文件夹下的文件。相对于当前这个程序所在的文件夹而言，如果在同一个文件夹中，则相对路径是这个文件名。

【例7.1】打开文件。

在 D 盘 Python 文件夹中新建一个文本文件 text.txt，其内容为 "Python 语言是一个简洁的编程语言"。在该文件夹下创建一个 openfile.py 文件，程序如下：

```
fa = open("text.txt","rt")
print(f.readline())
fa.close()
```

输出结果如图 7-1 所示。

```
===================== RESTART: D:\Python\openfile.py ====================
Python语言是一个简洁的编程语言
```

图7-1 输出结果

7.1.2 文件的关闭

file 对象的 close() 方法刷新缓冲区里任何还没有写入的信息，并关闭该文件，这之后便不能再进行写入。当一个文件对象的引用被重新指定给另一个文件时，Python 会关闭之前的文件。用 close() 方法关闭文件是一个很好的习惯。

语法：

```
file Object.close();
```

【例7.2】文件的关闭。

继续使用例 7.1 的 text.txt 文件，在同一文件下创建 closefile.py 文件，代码如下：

```
fa = open("text.txt","wb")
print("Name of the file:",f.name)
#关闭打开的文件
fa.close()
```

以上实例的输出结果如图 7-2 所示。

此时再运行例 7.1 的程序，可以发现 text.txt 文件的内容已经被覆盖，为什么？

```
===================== RESTART: D:\Python\closefile.py =====================
Name of the file:  text.txt
```

图 7-2　输出结果

7.1.3　文件的读写

一个文件被打开后，有一个 file 对象，可以得到有关该文件的各种信息。使用相关的函数可以实现文件的读写。和 file 对象相关的所有属性见表 7-2。

表 7-2　file 对象属性表

属性	描述
file. closed	如果文件已被关闭，返回 true；否则，返回 false
file. mode	返回被打开文件的访问模式
file. name	返回文件的名称
file. softspace	如果用 print 输出后，必须跟一个空格符，则返回 false；否则，返回 true

【例 7.3】文件属性。

```
fa = open("text. txt","wb")
print("Name of the file:",fa. name)
print("Closed or not:",fa. closed)
print("Opening mode:",fa. mode)
fa. close()
```

例 7.3 的输出结果如图 7-3 所示。

```
===================== RESTART: D:/Python/modefile.py =====================
Name of the file:  text.txt
Closed or not :  False
Opening mode :  wb
```

图 7-3　输出结果

file 对象提供了一系列方法，能让人们轻松地访问文件。其中，read( ) 和 write( ) 方法分别用来读取和写入文件。

write( ) 方法可将任何字符串写入一个打开的文件。需要重点注意的是，Python 字符串可以是二进制数据，而不仅仅是文字。

语法：

```
file Object. write(string)
```

在这里，被传递的参数是要写入已打开文件的内容，如例 7-4 所示。

【例 7.4】文件的写入。

```
fa = open("write. txt","w")
fa. write('Python is a baby.\nPython 是一门简洁的语言。')
```

```
fa. close()
```

运行程序，创建了 write. txt 文件，将收到的内容写入该文件，并关闭文件。如果打开这个文件，将看到如图 7 - 4 所示内容。

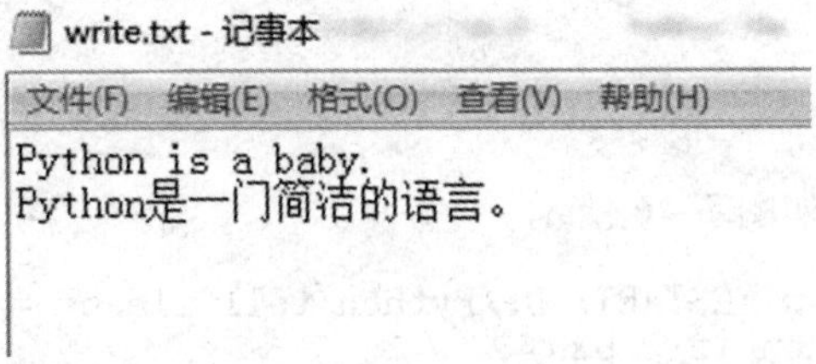

图 7 - 4　运行结果

read( ) 方法从一个打开的文件中读取一个字符串。需要重点注意的是，Python 字符串可以是二进制数据，而不仅仅是文字。

语法：

```
file Object. read([count])
```

在这里，被传递的参数是要从已打开文件中读取的字节数。该方法从文件的开头开始读入，如果没有传入 count，它会尝试尽可能多地读取更多的内容，很可能是直到文件的末尾。

【例7.5】文件的读取。

使用上面创建的文件 write. txt。

```
fa = open("write. txt",'r + ')
print("Read String is:",fa. read(16))
fa. close()
```

输出结果如图 7 - 5 所示。

```
==================== RESTART: D:/Python/readfile.py ====================
Read String is :  Python is a baby
```

图 7 - 5　输出结果

文件位置：tell( ) 方法告诉用户文件的当前位置，换句话说，下一次的读写会发生在距离文件开头多少字节之后；seek(offset [,from]) 方法改变当前文件的位置；offset 变量表示要移动的字节数；from 变量指定开始移动字节的参考位置。如果 from 设为 0，这意味着将文件的开头作为移动字节的参考位置；如果设为 1，则使用当前的位置作为参考位置；如果设为 2，那么该文件的末尾将作为参考位置。

【例7.6】文件的读取。

还用上面创建的文件 write. txt。

```
fa = open("write. txt","r + ")
print("Read String is:",fa. read(16))
#查找当前位置
position = fa. tell();
```

```
print("Current file position:",position)
#把指针再次重新定位到文件开头
position = fa.seek(0,0);
print("Again read String is:",fa.read(16))
#关闭打开的文件
fa.close()
```

以上实例的输出结果如图7-6所示。

```
===================== RESTART: D:/Python/tellfile.py =====================
Read String is :  Python is a baby
Current file position :  16
Again read String is :  Python is a baby
>>>
```

图7-6　实例输出

7.1.4　文件的重命名与删除

Python 的 os 模块提供了帮助用户执行文件处理操作的方法，比如重命名和删除文件。要使用这个模块，必须先导入它，然后可以调用相关的各种功能。

rename() 方法需要两个参数：当前的文件名和新文件名。语法如下：

```
os.rename(current_file_name,new_file_name)
```

【例7.7】文件重命名。

将文件 write.txt 重命名为 write1.txt。

```
import os
#重命名文件 write.txt 到 write1.txt。
os.rename("write.txt","write1.txt")
```

从程序运行的结果可以看到，write.txt 改成 write1.txt 了。

和文件的重命名类似，可以用 remove() 方法删除文件，需要提供要删除的文件名作为参数。语法：

```
os.remove(file_name)
```

这里就不再举例了，可以在例7.7的程序上直接修改，这样就可以轻松删除要删除的文件了。

7.1.5　Python 的文件目录

尽管文件是包含在各个不同的目录（Windows 下的文件夹）下，Python 依然能轻松处理。os 模块有许多方法能帮用户创建、删除和更改目录。

使用 os 模块的 mkdir() 方法在当前目录下创建新的目录。需要提供一个包含了要创建的目录名称的参数。

语法：

```
os.mkdir("newdir")
```

【例7.8】创建文件目录。

在当前目录下创建一个新目录 test。

```
import os
#创建目录 test
os.mkdir("test")
```

程序运行结果如图7-7所示。

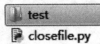

图7-7 运行结果

可以用 chdir() 方法来改变当前的目录。chdir() 方法需要的一个参数是想设成当前目录的目录名称。语法如下：

```
os.chdir("newdir")
```

【例7.9】进入目录：

```
import os
#将当前目录改为"test/home"
os.chdir("test/home")
```

这里是进入该目录，为了使结果更清楚，可以在例7.9后面加上例7.4的程序，运行一下看看可以得到什么。

还可以用 getcwd() 方法显示当前的工作目录。语法如下：

```
os.getcwd()
```

用 print 打印出来看看结果。

```
print(os.getcwd())
```

程序结果如图7-8所示。

```
===================== RESTART: D:/Python/tellfile.py =====================
D:\Python\test\home
>>>
```

图7-8 程序结果

可以使用 rmdir() 方法删除目录，目录名称以参数传递。

```
os.rmdir('dirname')
```

【例7.10】删除目录。

在删除某个目录之前，它的所有内容应该先被清除，否则会提示目录不为空。所以，首先把刚刚写入的文件删除，然后运行程序。

```
import os
#删除"/test/home"目录
os.rmdir("test/home")
```

程序运行后，可以看到 test 文件夹下的目录被成功删除。

7.2 Python 异常处理

在程序编制过程中，会出现各种各样的错误和缺陷。和其他语言一样，Python 也提供了一种异常处理机制，该机制可以使程序更好地应对执行过程中遇到的特殊情况，避免软件系统遇到错误就直接崩溃的现象发生。

Python 提供了两个非常重要的功能——异常处理和断言（Assertions），用于处理 Python 程序在运行中出现的异常和错误。可以使用该功能来调试 Python 程序。表 7-3 所示为 Python 的标准异常。

表 7-3 Python 的标准异常

异常名称	描述
BaseException	所有异常的基类
SystemExit	解释器请求退出
KeyboardInterrupt	用户中断执行（通常是输入^C）
Exception	常规错误的基类
StopIteration	迭代器没有更多的值
GeneratorExit	生成器（generator）发生异常来通知退出
StandardError	所有的内建标准异常的基类
ArithmeticError	所有数值计算错误的基类
FloatingPointError	浮点计算错误
OverflowError	数值运算超出最大限制
ZeroDivisionError	除（或取模）零（所有数据类型）
AssertionError	断言语句失败
AttributeError	对象没有这个属性
EOFError	没有内建输入，到达 EOF 标记
EnvironmentError	操作系统错误的基类
IOError	输入/输出操作失败
OSError	操作系统错误
WindowsError	系统调用失败
ImportError	导入模块/对象失败
LookupError	无效数据查询的基类

续表

异常名称	描述
IndexError	序列中没有此索引（index）
KeyError	映射中没有这个键
MemoryError	内存溢出错误（对于 Python 解释器不是致命的）
NameError	未声明/初始化对象（没有属性）
UnboundLocalError	访问未初始化的本地变量
ReferenceError	弱引用（Weak reference）试图访问已经进行垃圾回收了的对象
RuntimeError	一般的运行时错误
NotImplementedError	尚未实现的方法
SyntaxError	Python 语法错误
IndentationError	缩进错误
TabError	Tab 和空格混用
SystemError	一般的解释器系统错误
TypeError	对类型无效的操作
ValueError	传入无效的参数
UnicodeError	Unicode 相关的错误
UnicodeDecodeError	Unicode 解码时的错误
UnicodeEncodeError	Unicode 编码时的错误
UnicodeTranslateError	Unicode 转换时的错误
Warning	警告的基类
DeprecationWarning	关于被弃用的特征的警告
FutureWarning	关于构造将来语义会有改变的警告
OverflowWarning	旧的关于自动提升为长整型（long）的警告
PendingDeprecationWarning	关于特性将会被废弃的警告
RuntimeWarning	可疑的运行时行为（runtime behavior）的警告
SyntaxWarning	可疑的语法的警告
UserWarning	用户代码生成的警告

7.2.1　异常处理

　　异常即是一个事件，该事件会在程序执行过程中发生，影响了程序的正常执行。一般情况下，在 Python 无法正常处理程序时就会发生一个异常。异常是 Python 对象，表示一个错误。当 Python 脚本发生异常时，需要捕获并处理它，否则程序会终止执行。

　　可以使用 try/except 语句来检测 try 语句块中的错误，从而让 except 语句捕获异常信息并处理。如果不想在异常发生时结束程序，只需在 try 里捕获它。以下为简单的 try…except…

else 的语法：

```
try:
 <语句>           #运行别的代码
except <名字>：
 <语句>           #如果在 try 部分引发了'name'异常
except <名字>，<数据>：
 <语句>           #如果引发了'name'异常,获得附加的数据
else:
 <语句>           #如果没有异常发生
```

try 的工作原理是，当开始一个 try 语句后，Python 就在当前程序的上下文中作标记，这样当异常出现时，就可以回到这里。try 子句先执行，接下来会发生什么取决于执行时是否出现异常。

• 当 try 后的语句执行时发生异常，Python 就跳回到 try 并执行第一个匹配该异常的 except 子句。异常处理完毕后，控制流就通过整个 try 语句（除非在处理异常时又引发新的异常）。

• 如果在 try 后的语句里发生了异常，却没有匹配的 except 子句，异常将被递交到上层的 try，或者到程序的最上层（这样将结束程序，并打印缺省的出错信息）。

• 如果在 try 子句执行时没有发生异常，Python 将执行 else 语句后的语句（如果有 else 的话），然后控制流通过整个 try 语句。

【例7.11】异常处理。

打开一个文件，向该文件写入内容，且并未发生异常：

```
try:
    fh = open("write. txt","w")
    fh. write("This is my test file for exception handling!!")
except IOError:
    print("Error:can\'t find file or read data")
else:
    print("Written content in the file successfully")
    fh. close()
```

以上程序的输出结果如图 7-9 所示。

```
==================== RESTART: D:/Python/finderror.py ====================
Written content in the file successfully
>>>
```

图7-9　程序输出

except 语句后面可以不带异常类型，实例如下：

```
try:
    You do your operations here;
```

```
    ......
except:
    If there is any exception,then execute this block.
    ......
else:
    If there is no exception then execute this block.
```

以上方式中，try…except 语句捕获所有发生的异常。但这不是一个很好的方式，不能通过该程序识别出具体的异常信息，因为它捕获所有的异常。也可以使用相同的 except 语句来处理多个异常信息，如下所示：

```
try:
    You do your operations here;
    ....................
except(Exception1[,Exception2[,...ExceptionN]]]):
    If there is any exception from the given exception list,
    then execute this block.
    ....................
else:
    If there is no exception then execute this block.
```

为了防止 try 中的语句块没有正常执行完毕，从而导致其他错误的发生，还需要给异常处理加上一个善后功能。使用 finally 关键字包含一段无论异常是否发生，都会执行的代码块。try…finally 语句无论是否发生异常，都将执行最后的代码。

```
try:
<语句>
finally:
<语句>   #退出 try 时总会执行
raise
```

注意：可以使用 except 语句或者 finally 语句，但是两者不能同时使用。else 语句也不能与 finally 语句同时使用。

一个异常可以是一个字符串、类或对象。Python 的内核提供的异常，大多数都是实例化的类。一个异常可以带上参数，作为输出的异常信息参数。可以通过 except 语句来捕获异常的参数，如下所示：

```
try:
    You do your operations here;
    ......
except ExceptionType,Argument:
    You can print value of Argument here...
```

变量接收的异常值通常包含在异常的语句中。在元组的表单中，变量可以接收一个或者多个值。元组通常包含错误字符串、错误数字、错误位置。

可以使用 raise 语句自己触发异常。raise 语法格式如下：

```
raise [Exception [,args [,traceback]]]
```

语句中 Exception 是异常的类型（例如，NameError），参数是一个异常参数值。该参数是可选的，如果不提供，异常的参数是"None"。最后一个参数是可选的（在实践中很少使用），如果存在，是跟踪异常对象。

用户通过创建一个新的异常类来自定义异常，程序可以命名它们自己的异常。异常应该是通过直接或间接的方式继承自 Exception 类。

7.2.2　断言

使用 assert（断言）是学习 Python 一个非常好的习惯。assert 用于判断一个表达式，如果断言成功，不采取任何措施，否则，触发 AssertionError 的异常。通常，assert 语句用于检查函数参数的属性（参数是否是按照设想的要求传入），或者作为初期测试和调试过程中的辅助工具。

代码格式如下：

```
assert expression[,arguments]
```

其中，assert 是断言的关键字。如果 expression 的值为假，就会触发 AssertionError 异常，该异常可以被捕获并处理；如果 expression 的值为真，则不采取任何措施。

【例7.12】会产生异常的断言：

```
assert 3 == 6
assert len[a,b,c,d]) >5
```

【例7.13】包含断言的程序：

```
s_age = input("请输入您的年龄:")
age = int(s_age)
assert 19 < age < 45
print("您输入的 age 在 19 和 45 之间")
```

例7.13 中，使用 assert 语句断言 age 必须处于 19 ~ 45 之间。运行上面程序，如果输入的 age 处于执行范围之内，则可看到如图 7 – 10 所示运行过程。

```
==================== RESTART: D:/Python/assertfile.py ====================
请输入您的年龄:20
您输入的age在19和45之间
```

图 7 – 10　运行过程

如果输入的 age 不处于 19 ~ 45 之间，将可以看到图 7 – 11 所示的运行过程。

从上面的运行过程可以看出，断言也可以对逻辑表达式进行判断，因此实际上断言也相当于一种特殊的分支。

assert 的执行逻辑是：

```
======================== RESTART: D:/Python/assertfile.py ========================
请输入您的年龄:45
Traceback (most recent call last):
  File "D:/Python/assertfile.py", line 3, in <module>
    assert 19< age<45
AssertionError
>>> 
```

图7-11 运行过程

```
if 表达式的值为 True:
    程序继续运行
else:   #表达式的值为 False
    程序引发 AssertionError 错误
```

7.3　数据格式化

　　一组数据在被计算机处理之前需要进行一定的组织，表明数据之间的基本关系和逻辑，进而形成"数据的维度"。根据数据的关系不同，数据组织可分为一维数据、二维数据和高维数据。简而言之，数据的维度是数据的组织形式。

　　一维数据由对等关系的有序或无序数据构成，采用线性方式组织，对应数学中数组和集合的概念。无论采用任何方式分隔和表示，一维数据都具有线性特点。二维数据，也称表格数据，是一维数据的组合形式，由关联关系数据构成，采用表格方式组织，对应于数学中的矩阵，常见的表格都属于二维数据。高维数据，是由一维数据或者二维数据在新维度上形成的。高维数据在网络系统中十分常用，HTML、XML、JSON 等都是高维数据组织的语法结构。与一维和二维数据相比，高维数据能表达更加灵活和复杂的数据关系。

7.3.1　一、二维数据的表示和读写

　　一维数据是最简单的数据组织类型，有多种存储格式，常用特殊字符分隔。分隔方式有以下几种。

　　①用一个或多个空格分隔。如：

　　江苏 安徽 山东

　　②用逗号（英文输入法）分隔。如：

　　江苏,安徽,山东

　　③用其他符号或符号组合分隔。如：

　　江苏;安徽;山东

　　二维数据由多条一维数据构成，可以看成一维数据的组合形式。这里介绍一种国际通用的一、二维数据存储格式：CSV 格式。逗号分隔数值的存储格式叫作 CSV（Comma-Separated Values，逗号分隔值）格式，它是一种通用的文件格式，广泛应用在程序之间转移表格数据。CSV 格式存储的文件一般采用 .csv 为扩展名，可以通过记事本等文本编辑工具或 excel 工具打开。

　　CSV 文件的每一行都是一维数据，整个 CSV 文件则是一个二维数据。

```
cc = [
['学习','Python','语言'],
['程序','算法','设计'],
['玩转','Python','设计'],
]
```

二维列表对象输出为 CSV 格式文件，方法如下（采用 join( ) 方法）。

```
#cc 代表二维列表,省略
fo = open("cpi.csv","w")
for row in is:
  fo.write(",".join(row) + "\n")
fo.close()
```

要对二维数据进行处理，首先需要从 CSV 格式文件读入二维数据，并用其表示二维列表对象。借鉴一维数据读取方法，从 CSV 文件读入数据的方法如下。

```
fo = open("cpi.csv","r")
cc = []
for line in fo:
  cc.append(line.strip('\n').split(","))
fo.close()
print(cc)
```

二维数据处理等同于二维列表的操作。与一维列表不同，二维列表一般需要借助循环遍历实现对每个数据的处理，基本格式如下：

```
For row in cc:
  For item in row:
      〈对第 row 行第 item 列元素进行处理〉
```

7.3.2 高维数据的格式化

与一维、二维数据不同，高维数据能展示数据间更为复杂的组织关系。为了保持灵活性，高维数据的表示不采用任何结构形式，仅采用最基本的二元关系，即键值对。

键值对是高维数据的特征，采用 JSON 格式对高维数据进行表达和存储。

万维网（WWW）是个复杂的数据组织体系，它通过 HTML 方式链接并展示不同类型数据内容，采用 XML 或 JSON 格式表达键值对。万维网是高维数据最成功的典型应用。

JSON 格式可以对高维数据进行表达和存储，是轻量级的数据交换格式。

```
JSON(JavaScript Object Notation)
```

JSON 格式表达键值对 < key,value > 的基本格式如下，键值对都保存在双引号中：

```
"key":"value"
```

当多个键值对放在一起时，JSON 有如下一些规则。

①数据保存在键值对中。

②键值对之间由逗号分隔。

③大括号用于保存健值对数据组成的对象。

④方括号用于保存键值对数据组成的数组。

采用对象、数组方式组织起来的键值对可以表示任何结构的数据，这为组织复杂数据提供了极大的便利。万维网上使用的高维数据格式主要是 JSON 和 XML，这里建议采用 JSON（标准库 json）。

本章小结

本章主要介绍了 Python 文件的使用方法，详细讲解了文件的打开、关闭和读写等操作，简单介绍了文件的重命名和删除等操作。通过介绍 Python 异常处理，介绍了异常处理和断言两种处理方法。根据数据的组织结构说明了数据维度和一、二维数据的表示与使用，根据数据处理的需要介绍了高维数据的表示，简单介绍了 JSON 的规则。

习 题 7

1. 编写一种计算减法的方法，当第一个数小于第二个数时，抛出"被减数不能小于减数"的异常。

```
def jianfa(a,b):
  if a<b:
      raise BaseException('被减数不能小于减数')
      #return 0
  else:
return a-b
print(jianfa(1,3))
```

2. 有两个磁盘文件 A 和 B，各存放一行字母，要求把这两个文件中的信息合并（按字母顺序排列），输出到一个新文件 C 中。

```
with open "xx/A" as A:
content_a =A. readlines()
with open "xx/B" as B:
content_b =B. readlines()
content_c =sorted(content_a +content_b)
C =open("xx/C",w)
result =c. write(content_c)
A. close()
B. close()
C. close()
```

3. 从键盘输入一个字符串，将小写字母全部转换成大写字母，然后输出到一个磁盘文件"test"中保存。

```python
strs = input('请输入字符:')
try:
new = strs.upper()
except Exception as e:
print(e)
else:
with open('test.txt','w',encoding = 'utf-8')as f:
f.write(new)
```

第 8 章

Python 面向对象编程

学习目标

- 了解 Python 面向对象技术。
- 掌握 Python 类和对象的定义及使用。
- 掌握 Python 类的继承。
- 掌握 Python 类的方法重写与运算符重载。

Python 从设计之初就已经是一门面向对象的语言，正因为如此，在 Python 中创建一个类和对象是很容易的。如果之前没有接触过面向对象的编程语言，那么可能需要先了解面向对象语言的一些基本特征，在头脑里形成一个基本的面向对象的概念，这样有助于学习 Python 的面向对象编程。本章的目标是掌握 Python 面向对象的编程技术。

8.1　面向对象、类、对象及从属关系

程序编写有两种方式：一种是面向过程的语言，典型的如 C 语言；另一种是面向对象的语言，典型的如 Java、C++、C#语言。本节讲解 Python 面向对象技术。

8.1.1　类的创建

以买计算机的操作为例，有两种方式可以选择：

第一种方式强调的是步骤、过程，每一步都是自己亲自去实现的，这种解决问题的思路就叫作面向过程。它是根据业务逻辑从上到下编写代码。

第二种方式强调的是雇用计算机高手。计算机高手是处理这件事的主角，对用户而言，用户不必亲自实现整个步骤，只需要利用计算机高手就可以解决问题。这种解决问题的思路就是面向对象。用面向对象的思维解决问题的重点，它是将数据与函数绑定到一起进行封装，这样能够更快速地开发程序，减少重复代码的重写过程。

面向过程编程最易被初学者接受，其往往用一长段代码来实现指定功能。开发过程的思路是将数据与函数按照执行的逻辑顺序组织在一起，数据与函数分开考虑。

面向对象和面向过程都是解决问题的一种思路而已。

面向对象编程（Object Oriented Programming，OOP）也就是面向对象程序设计。按人们认识客观世界的系统思维方式，采用基于对象（实体）的概念建立模型，模拟客观世界分析、设计、实现软件的办法。这种方法把软件系统中相近或相似的操作逻辑和操作应用数据、状态，以类的形式描述出来，以对象实例的形式在软件系统中复用，以达到提高软件开发效率的作用。

【例8.1】类的定义和实例化示例。

定义人的类 Person，人有名字（name）、性别（gender）、体重（weight）等属性，根据这个说明，可以定义 Person 类并创建 Person 对象，代码如下。

```
#代码块1:类的定义
class Person:
    def __init__(self):
        self.name = '项羽'
        self.gender = '男'
```

```
            self.weight = 70
            print('An instance created')
#代码块2：类的实例化
p1 = Person()
print(p1.name)
print(p1.gender)
print(p1.weight)
```

运行结果如图8-1所示。

```
========= RESTART: C:/Users/Administrator/Desktop/Python教材汇总/例8.1.py ======
===
An instance created
项羽
男
70
```

图8-1　运行结果

在以上代码中，代码块1定义了Person类，说明如下。

①class是定义类的关键字，Person是类名。在Python中定义类的格式是"class 类名"，这是一个固定格式。

②这个类中只有一个函数，类中的函数也称为"方法"，该方法的名称为__init__，前面学到的有关函数的一切都适用于方法，唯一重要的差别是调用方法的方式。__init__()不是普通方法，是特殊的方法，其作用是：每当根据Person类创建新实例时，Python都会自动运行它。在这个方法的名称中，开头和末尾各有两个下划线，这是一种约定，旨在与普通方法区分。

③在__init__()方法的定义中，形参self必不可少，还必须位于其他形参的前面。为何必须在方法定义中包含形参self呢？因为Python调用__init__()方法来创建Person实例时，将自动传入实参self，每个与类相关联的方法调用都自动传递实参self，让实例能够访问类中的属性和方法。创建Person实例时，Python将调用Person类的方法__init__()，self会自动传递，因此不需要传递它。

④__init__()方法中有3条赋值语句，定义了3个变量name、gender和weight，这3个变量都有前缀self。以self为前缀的变量都可供类中的所有方法使用，还可以通过类的任何实例来访问这些变量。self.name = '项羽'将变量name赋值为"项羽"，然后该变量被关联到当前创建的实例。self.gender = '男'和self.weight = '70'的作用与此类似。像这样带有前缀self、可通过实例访问的变量称为属性。

⑤__init__()方法的最后一条语句输出一句话。

代码块2紧接在类Person的定义语句后面，是使用类Person创建对象的代码，创建了两个名为p1和p2的Person对象，也称为Person实例。代码块2的解释如下。

①使用Person创建一个对象，并赋值给p1对象变量。p1是这个对象的对象名，在创建对象时自动调用Person类的方法。

②使用"."号访问p1的属性，包括name、gender、weight。"."符号是访问对象的属性和方法的特殊符号。

我们发现：

①输出了一次 An instance created，这是因为创建一个 Person 对象，自动调用一次 __init__( ) 方法。

②输出了"项羽""男""70"，这是因为 p1 的 name、gender、weight 是在 __init__( ) 方法中赋值的。

面向对象编程有两个非常重要的概念：类和对象，如图 8-2 所示。

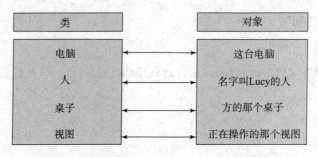

图 8-2　类和对象

现实世界中的任何事件都可以称为对象，对象是构成世界的一个独立单位，例如，能运送人或货物的"运输工具"有飞机、轮船、火车、卡车、轿车等，这些都是对象。把众多的事物归纳、划分成一些类是人类在认识客观世界时经常采用的思维方法。

把具有共同性质的事物划分为一类，得出一个抽象的概念。例如，汽车、车辆、运输工具等都是一些抽象概念，它们是一些具有共同特征的事件的集合，被称为类。

在面向对象编程中，对象是面向对象编程的核心。在使用对象的过程中，和认识客观事物一样，为了将具有共同特征和行为的一组对象抽象定义，提出了类的概念。

类是抽象的，在使用的时候通常会找到这个类的一个具体的存在，然后再使用这个具体的存在。一个类可以有多个对象。类是用来描述具有相同的属性和方法的对象的集合。它定义了该集合中每个对象所共有的属性和方法。对象是类的实例。

人类在设计事物时，主要包括以下 3 个方面：

➤ 事物名称：如人。

➤ 事物的属性：如人的身高、体重、年龄等。

➤ 事物的方法（行为/功能）：如人学习、工作等。

根据人类设计事物的特点，对类也做了定义。类由以下 3 个部分构成：

➤ 类的名称：类名。

➤ 类的属性：一组静态的数据。

➤ 类的方法：类能够进行操作的方法（行为）。

类是一种数据结构，是现实世界中实体的集合，在程序设计中以编程形式出现。类属性使用类名称访问，访问方式如下：

```
类名 . 属性
```

类属性是与类绑定的。如果要修改类的属性，必须使用类名访问它，此时不能使用对象实例访问（通过对象实例访问将在 8.3 节中进行介绍），如例 8.2 所示。

【例 8.2】类属性访问实例。

```
class Stu:
    name = "张三"
print("name 的初始值是:",Stu. name)
Stu. name = "李明"
print("name 的现值是:",Stu. name)
```

以上实例输出结果如图8-3所示。

```
========= RESTART: C:/Users/Administrator/Desktop/Python教材汇总/例8.2.py ======
===
name的初始值是: 张三
name的现值是: 李明
```

图8-3 输出结果

在 Python 中，没有 public 和 private 这些关键字来区别公有属性和私有属性。Python 使用属性命名方式来区分公有属性和私有属性。之前所定义的 name 属性是公有属性，可以直接在类外面进行访问。如果定义的属性不想被外部访问，则需要将它定义成私有的，私有属性需在前面加两个下划线。类的方法也一样，方法前加了两个下划线符号表示私有，否则就表示公有，如例8.3所示。

【例8.3】类私有属性操作实例。

```
Class Stu:
    _name = "张三"
print("name 的初始值是:",Stu. _name)
```

以上实例输出结果错误，提示如图8-4所示。

```
========= RESTART: C:/Users/Administrator/Desktop/Python教材汇总/例8.3.py ======
===
Traceback (most recent call last):
  File "C:/Users/Administrator/Desktop/Python教材汇总/例8.3.py", line 3, in <mod
ule>
    print("name的初始值是: ",Stu.__name)
AttributeError: type object 'Stu' has no attribute '__name'
```

图8-4 输出结果

程序运行报错，提示找不到_name 属性。因为_name 是私有属性。私有属性不能在类外通过对象名来访问。

在 Python 中，有一些特殊的属性定义，主要是内置类属性。

内置类属性包括以下几种。

__dict__: 类的属性（包含一个字典，由类的数据属性组成）。

__doc__: 类的文档字符串。

__name__: 类名。

__module__: 类定义所在的模块（类的全名是 "__main__. className"。如果类位于导入模块 mymod 中，那么 className__module__等于 mymod）。

__bases__: 类的所有父类构成元素（包含了由所有父类组成的元组）。

8.1.2 类的实例对象和方法

程序想要完成具体的功能，仅有类是不够的，还需要根据类创建实例对象，通过实例对象完成具体的功能。

1. 类的实例对象

实例对象就是为类创建一个具体的实例化的对象，以使用类的相关属性和方法。图 8 − 5 所示就是类、对象与实例的关系。

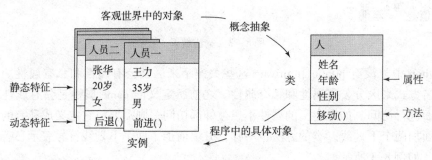

图 8 − 5 类、对象与实例

Python 中，创建类的实例化对象不需使用 new，可以直接赋值，语法如下：

```
对象名 = 类名()
```

创建一个类的实例，使用类的名称，并通过 __init__() 方法接受参数，如例 8.4 所示。

【例 8.4】创建类的对象实例。

```
Class Stu:
    #定义一个属性
    Name = "张三"
    age = 19
    #创建 Stu 类的对象
stu = Stu()
print("学生姓名:%s,年龄:%d"%(stu.name,stu.age))
```

以上实例输出结果如图 8 −6 所示。

```
========= RESTART: C:/Users/Administrator/Desktop/Python教材汇总/例8.4.py =========
学生姓名：张三，年龄：19
```

图 8 −6 输出结果

2. 类的方法

在类的内部，使用 def 关键字可以为类定义一个方法。与一般函数定义不同，类方法必须包含参数 self，且为第一个参数。

（1）构造方法

构造方法__init__（ ）是一种特殊的方法，被称为类的构造函数或初始化方法，用来进行一些初始化的操作，在对象创建时就设置好属性。如果用户没有重新定义构造函数，则系统自动执行默认的构造方法。这个方法不需要显式调用，当创建了这个类的实例时，就会调用该方法。

在构造方法__init__（ ）中，init前后用两个下划线开头和结尾，是Python内置的方法，用于在对象实例化时对实例进行的初始化工作。比如，显示一个姓名叫"张三"，学号是1号的学生，可以直接使用构造方法进行定义，如例8.5所示。

【例8.5】类的构造方法实例。

```
class Stu:
#构造方法
    def __init__(self):
        self. name = "张三"
        self. stuid = 1
    def displayCount(self):
        print("学生姓名:%s,学号%d"%(self. name,self. stuid))
stu = Stu()
stu. displayCount()
```

以上实例输出结果如图8-7所示。

```
========= RESTART: C:/Users/Administrator/Desktop/Python教材汇总/例8.5.py ======
===
学生姓名：张三,学号1
```

图8-7　输出结果

在该例中，构造方法和自定义方法都有参数self。

self可以理解为"自己"，如同C++中类里面的this指针一样，就是对象自身的意思。在方法的定义中，第一个参数永远是self。某个对象调用其方法时，Python解释器会把这个对象作为第一个参数传递给self，所以开发者只需要传递后面的参数即可。

self仅仅是一个变量名，也可以将self换为其他任意的名字，但是为了能够让其他开发人员能明白该变量的意思，一般都会把self当作名字。

在上例的构造方法中，直接给出了学生的姓名和学号。但实际上，对象的属性需要动态添加，在对象创建完成时确定对象的属性值。需要使用带参数的构造方法，在构造方法中传入参数设置属性的值，如例8.6所示。

【例8.6】带参数的构造方法操作实例。

```
class Stu:
    #'所有父类'
    empCount = 0
#构造方法
    def __init__(self,name,stuid):
```

```
        self. name = name
        self. stuid = stuid
        Stu. empCount += 1
    def displayCount(self):
        print("学生总数%d 人"%(Stu. empCount))
    def displaystu(self):
        print("Name:",self. name,",stuid:",self. stuid)
stu = Stu("张三",1)
stu. displayCount()
stu. displaystu()
```

以上实例输出结果如图 8-8 所示。

```
========= RESTART: C:/Users/Administrator/Desktop/Python教材汇总/例8.6.py ======
===
学生总数1人
Name: 张三 ,stuid: 1
```

图 8-8 输出结果

在上例中，empCount 变量是一个类变量，它的值将在这个类的所有实例之间共享。在内部类或外部类使用"类名 . 属性"（Stu. empCount）访问。

在创建一个对象时，__init__( ) 方法默认被调用，不需要手动调用。默认有 1 个参数名字为 self。如果在创建对象时传递了两个实参，那么__init__(self) 中除了 self 作为第一个形参外，还需要两个形参，例如__init__(self,name,stuid)。

__init__(self) 中的 self 参数不需要开发者传递，Python 解释器会自动把当前的对象引用传递进去。

（2）析构方法

__init__( ) 方法是构造方法，当创建对象后，Python 解释器会调用__init__( ) 方法。当删除一个对象来释放类所占用的资源时，Python 解释器会调用另外一个方法，也就是析构方法。

析构方法__del__( ) 使用 del 命令，前后同样用两个下划线开头和结尾。该方法同样不需要显式调用，在释放对象时进行调用，可以进行释放资源的操作，如例 8.7 所示。

【例 8.7】析构方法操作实例。

```
class Stu:
#构造方法
    def __init__(self,name,stuid):
    self. name = name
    self. stuid = stuid
#析构方法
    def __del__(self):
        print("已释放资源")
stu = Stu("张三",1)
```

```
del stu     #删除对象,触发析构方法
#del stu. name  #这是属性的删除,不会触发,整个实例删除才会触发
print("进行垃圾回收")
```

以上实例输出结果如图8-9所示。

```
========= RESTART: C:/Users/Administrator/Desktop/Python教材汇总/例8.7.py ======
===
已释放资源
进行垃圾回收
```

图8-9 输出结果

上例中,执行到del stu语句时,删除stu对象并触发析构方法,显示"已释放资源"。但如果不执行del stu语句,换成delstu. name语句,则不会显示"已释放资源",表明没有执行析构方法,因为此时stu对象存在,只不过stu的name属性被删除了。

析构方法必须是整个实例对象都被删除才能触发。

(3)类的封装

面向对象编程的特性是封装、继承与多态。封装是隐藏属性、方法与方法,并实现细节的过程。封装是在变量或方法名前加两个下划线,封装后,私有的变量或方法只能在定义它们的类内部调用,在类外和子类中不能直接调用。

封装的语法如下:

私有变量: __变量名

私有方法: __方法名()

通过设置私有变量或私有方法实现封装,在变量名或方法名前加上"—"(两个下划线)。私有变量,可以避免外界对其随意赋值,保护类中的变量;私有方法,不允许从外部调用。对私有变量可以添加供外界调用的变通方法,用于修改或读取变量的值。私有方法和私有变量的操作如例8.8所示。

【例8.8】 类的私有方法操作实例。

```
class JustCounter:
    __secretCount = 0    #私有变量
    publicCount = 0      #公有变量
    def count(self):
        self. __secretCount += 1
        self. publicCount += 1
        print(self. __secretCount)
counter = JustCounter()
counter. count()
counter. count()
print(counter. publicCount)
print(counter. _JustCounter__secretCount)  #报错,实例不能访问私有变量
```

以上实例输出结果如图8-10所示。

```
========= RESTART: C:/Users/Administrator/Desktop/Python教材汇总/例8.8.py ======
===
1
2
2
Traceback (most recent call last):
  File "C:/Users/Administrator/Desktop/Python教材汇总/例8.8.py", line 13, in <mo
dule>
    print(counter.__secretCount)  #报错，实例不能访问私有变量
AttributeError: 'JustCounter' object has no attribute '__secretCount'
```

图 8-10　输出结果

Python 不允许实例化的类访问私有数据，所以上例中最后一行代码报错。如果需要访问私有属性，可用 object.className__attrName 访问属性，将如下代码替换以上代码的最后一行：

```
print(counter._JustCounter__secretCount)
```

执行以上代码，结果如图 8-11 所示。

```
========= RESTART: C:/Users/Administrator/Desktop/Python教材汇总/例8.8.py ======
===
1
2
2
2
```

图 8-11　执行结果

8.2　类的继承

继承是面向对象的编程的三大特性之一，继承可以解决编程中的代码冗余问题，是实现代码重用的重要手段。本节的目标是了解并掌握类的继承。

面向对象的编程带来的主要好处之一是代码的重用，实现这种重用的方法之一是使用继承机制。继承完全可以理解成类之间的类型和子类型关系。

类的继承是指在一个现有类的基础上，构建一个新的类。构建的新类能自动拥有原有类的属性和方法。构建出来的新类叫子类，原有类称为父类。也可以理解成类之间的类型和子类型关系。

继承的语法格式如下：

```
class 子类名(父类名):
```

如现有一个类，类名为 A，定义如下：

```
class A(object):
```

现要定义类 B 继承类 A，将 B 类当作 A 类的子类，则 B 类定义如下：

```
class B(object):
```

需要注意的是，继承语法"class 子类名（父类名）："也可写成"class 派生类名（基类名）："。其中，父类名写在括号中。父类是在类定义时，在元组中指明的。

在 Python 中继承具有如下一些特点：

在继承中，父类的构造（__init__( )方法）不会被自动调用，它需要在其子类的构造中亲自专门调用。

在调用父类的方法时，需要加上父类的类名前缀，并且需要带上 self 参数变量，以区别于在类中调用普通函数时并不需要带上 self 参数。

Python 总是首先查找对应类型的方法，如果它不能在子类中找到对应的方法，会到父类中逐个查找（先在本类中查找调用的方法，找不到才到父类中找）。

如果在继承元组中列了一个以上的类，那么它就被称为"多重继承"。子类的声明与它们的父类类似，继承的父类列表跟在类名之后，其语法为：

```
class 类名(父类名1[父类名2,…]):
```

【例8.9】类的继承操作实例。

```python
#代码块:类的定义
class Person:
    def __init__(self,name,gender = '男',weight = 70):
        self.name = name
        self.gender = gender
        self.weight = weight
        print('A person named %s is created' % self.name)
    def say(self):
        print('My name is %s' %(self.name))
class Teacher(Person):
    def teach(self,lesson):
        print("%s teachs %s" %(self.name,lesson))
class Student(Person):
    def study(self,lesson):
        print("%s studies %s" %(self.name,lesson))
#代码块8:类的实例化
p = Person('刘备','男',75)
p.say()
t = Teacher('孔子','男',70)
t.say()
t.teach('Python')
s = Student('王昭君','女',40)
s.say()
s.study('Python')
```

以上实例输出结果如图 8-12 所示。

```
===================== RESTART: H:/Python教材汇总/例8.9.py =====================
===
A person named 刘备 is created
My name is 刘备
A person named 孔子 is created
My name is 孔子
孔子 teachs Python
A person named 王昭君 is created
My name is 王昭君
王昭君 studies Python
```

图 8 – 12　输出结果

继承多个类操作示意如下：

```
class A:          #定义类 A
……

class B:          #定义类 B
……

class C(A,B):     #继承类 A 和类 B
……
```

可以使用 issubclass( ) 或者 isinstance( ) 方法来检测是否是子类，方法如下。

issubclass( )布尔函数

用于判断一个类是另一个类的子类或者子孙类。其语法为：

isinstance(obj,class) 布尔函数

如果 obj 是 class 类的实例对象或者是一个 class 子类的实例对象，则返回 True。

8.3　类的方法重写

面向对象编程三大特性是封装、继承和多态。实现多态的技术基础除了继承，还有方法重写。本节的目标是了解并掌握方法重写与运算符重载。

8.3.1　方法重写

面向对象编程三大特性中的最后一个特性是多态。多态是指能够呈现多种不同的形式或形态。在编程术语中，它的意思是一个变量可以引用不同类型的对象，并能自动调用被引用对象的方法，从而根据不同的对象类型响应不同的操作。继承和方法重写是实现多态的技术基础。

如果父类方法的功能不能满足需求，可以在子类重写父类的方法，此时执行子类的方法，不再执行父类的方法，操作实例如例 8.10 所示。

【例 8.10】方法重写操作实例。

```
class Parent:              #定义父类
    def myMethod(self):
        print("调用父类方法")
class Child(Parent):       #定义子类
```

```
    def myMethod(self):
        print("调用子类方法")
c = Child()    #子类实例
c.myMethod()    #子类调用重写方法
```

以上代码的输出结果如图 8 - 13 所示。

```
===================== RESTART: H:/Python教材汇总/例8.10.py =====================
==
调用子类方法
```

图 8 - 13　输出结果

表 8 - 1 列出了一些通用的类的功能方法。

表 8 - 1　类的功能方法一览表

序号	方法，描述 & 简单的调用
1	__init__(self[,args…]) 构造函数，简单的调用方法：obj = className(args)
2	__del__(self) 析构方法，删除一个对象，简单的调用方法：dell obj
3	__repr__(self) 转化为供解释器读取的形式，简单的调用方法：repr(obj)
4	__str__(self) 用于将值转化为适于人阅读的形式，简单的调用方法：str(obj)
5	__cmp__(self,x) 对象比较，简单的调用方法：cmp(obj,x)

8.3.2　运算符重载

Python 语言提供了运算符重载功能，增强了语言的灵活性，这一点与 C++ 有点类似，但又有些不同。Python 运算符重载是通过重写这些 Python 内置方法来实现的。这些方法都是以双下划线开头和结尾的，类似于__X__形式，Python 通过这种特殊的命名方式来实现重载。当 Python 的内置操作运用于类对象时，Python 会去搜索并调用对象中指定的方法来完成操作。

类可以重载加减运算、打印、函数调用、索引等内置运算，运算符重载使对象的行为与内置对象的一样。Python 在调用操作符时，会自动调用这样的方法。

常见运算符重载方法见表 8 - 2。

表 8 - 2　常见运算符重载方法

方法	说明	调用
__init__	构造函数	对象创建：X = class(args)
__del__	析构函数	X 对象收回

续表

方法	说明	调用
__add__	云算法 +	如果没有_iadd_，X + Y，X += Y
__or__	运算符 |	如果没有_or_，X|Y|，X| = Y
__repr__，__str__	打印，转换	print(X)，repr(X)，str(X)
call	函数调用	X(∗ args，∗∗ kwargs)
getattr__	点号运算	X. undefined
setattr	属性赋值语句	X. any = value
delattr	属性删除	del X. any
__getattribute__	属性获取	X. any
__getitem__	索引运算	X[key]，X[i:j]
__setItem__	索引赋值语句	X[key]，X[i:j] = sequence
__delitem__	索引和分片删除	delX[key]，del[i:j]
__len__	长度	len(X)，如果没有__bool__，真值测试
__bool__	布尔测试	bool(X)
__lt，__gt__，__le__，__ge__，__ep__，__ne__	特定的比较	X < Y，X > Y，X <= Y，X >= Y，X == Y，X! = Y 注释：（lt：lessthan，gt：greater than，le：less equal，ge：greater equal，eq：equal，ne：not equal）
__radd__	右侧加法	other + X
__iadd__	实地（增强的）加法	X += − Y(or else__add__)
__iter__，__next__	迭代环境	I = iter(X)，next()
__contains__	成员关系测试	Item in X （任何可迭代）
__index__	整数值	hex(X)，bin(X)，oct(X)
__enter__，__exit__	环境管理器	With obj as var：
__get，__set__，__delete__	描述符属性	X. attr，X. attr = value，del X. attr
__new__	创建	在__init__之前创建对象

例如，如果类实现了__add__方法，当类的对象出现在 + 运算符中时，会调用这个方法。为更好地理解运算符重载，以加减运算__add__和__sub__为例进行操作说明。重载这两个方法就可以在普通的对象上添加 + 、 − 运算符进行操作。例 8.11 所示的代码演示了如何使用 + 、 − 运算符。

【例 8.11】加减运算重载实例。

```python
class Computation():
    def __init__(self,value):
        self. value = value
    def __add__(self,other):
```

```
        return self. value + other
    def __sub__(self,other):
        return self. value - other
c = Computation(5)
x = c + 5
print("重构后加法运算结果是:",x)
y = c - 3
print("重构后减法运算结果是:",y)
```

以上实例的输出结果如图8-14所示。

```
==================== RESTART: H:/Python教材汇总/例8.11.py ====================
==
重构后加法运算结果是:  10
重构后减法运算结果是:  2
```

图8-14 输出结果

在上述实例中，如果将代码中的__sub__方法去掉，再调用减号运算符，程序就会出错。

 本章小结

本章介绍了面向对象编程的相关知识，包括类的定义、对象的创建、对象的使用、类的继承、子类和父类的关系等。

定义类的方法是使用 class 关键字，根据类可以创建对象。对象又称为类的实例，在创建对象时，自动调用类的__init__()方法，如果有参数，还需要传入参数。类中的属性和方法可以是私有的，也可以是公有的，私有属性和私有方法不能在类的外部被调用。

一个类可以被继承产生派生类，派生类又称为子类，被派生的类称为基类或父类。子类可以重用父类中的属性和方法，子类中的方法还会覆盖父类中的同名方法，在子类的方法中，需要通过父类名访问父类中的同名方法。

习　题　8

一、选择题

1. 以下程序的输出结果是（　　　）。

```
class A:
    def fun1(self):print("fun1 A")
    def fun2(self):print("fun2 A")
class B(A):
    def fun1(self):print("fun1 B")
    def fun3(self):print("fun2 B")
```

```
b = B ( )
b. fun1 ( )
b. fun2 ( )
a = A ( )
a. fun1 ( )
a. fun2 ( )
```

A. fun1 B fun2 A fun1 A fun2 A
B. fun1 B fun2 B fun1 A fun2 A
C. fun1 A fun2 A fun1 A fun2 A
D. fun1 A fun2 A fun1 B fun2 A

2. 下列有关构造方法（也称作初始化方法，即类中名为__init__的方法）的描述正确的是（　　　）。

A. 构造方法必须访问类的非静态成员

B. 所有类都必须自行定义一个构造方法

C. 构造方法必须有返回值，即必须包含 return 语句

D. 构造方法可以初始化类的成员变量

3. 下列类的声明中，不合法的是（　　　）。

A. class Flower：

    pass

B. class A，B：

    pass

C. class 中国人：

    pass

D. class SuperStar( )：

    pass

4. 以下不是 Tkinter 组件的是（　　　）。

A. Checkbutton　　　　　B. Text　　　　　　C. Messagebox　　　　　D. Menubutton

5. 设 Tkinter 顶层窗口名为 top，为创建一个 Tkinter 组件，以下选项错误的是（　　　）。

A. lst = tk. ListBox (top)
B. btn = tk. Button (top)
C. ent = tk. Entry (top)
D. btn = tk. Button (top，text = "")

6. 当设计用户界面时，使用 place 方法将控件摆放在窗口中，若参数 x 和 y 均为 0，则这个控件将被摆放在窗口的（　　　）。

A. 左下角　　　　　B. 左上角　　　　　C. 右上角　　　　　D. 右下角

二、判断题

1. 面向对象程序语言的三个基本特征是：封装、继承与多态。　　　　　　（　　　）

2. 构造方法__init__( ) 是 Python 语言的构造函数。　　　　　　（　　　）

3. 在 Python 语言的面向对象程序中，属性有两种：类属性和实例属性，它们分别通过类和实例访问。　　　　　　（　　　）

4. 使用实例或类名访问类的数据属性时，结果不一样。　　　　　　（　　　）

5. 解释器方法__del__( ) 是 Python 语言的析构函数。　　　　　　（　　　）

6. 在 Python 语言中，运算符是可以重载的。　　　　　　　　　　（　　）

7. 子类只能从一个父类继承。　　　　　　　　　　　　　　　　　（　　）

8. 在 Python 语言中，函数重载只考虑参数个数不同的情况。　　　　（　　）

9. 在 Python 语言中，子类中的同名方法将自动覆盖父类的同名方法。（　　）

10. Python 语言类中定义的函数会有一个名为 self 的参数，调用函数时，不传实参给 self，所以，调用函数的实参个数比函数的形参个数少 1。　　　　　　（　　）

三、填空题

1. Python 使用_____关键字来定义类。

2. 类由_____、_____、_____ 3 个部分构成。

3. 现有一个类 Student，要为该类定义对象 stu，代码是_____。

4. 面向对象编程的特性是_____、_____、_____。

5. 在 Python 中，无论类的名字是什么，构造方法的名字都是_____。

6. 继承和_____是实现多态的技术基础。

7. 面向对象的编程带来的主要好处之一是代码的重用，实现这种重用的方法是通过使用函数或_____。

8. 类方法必须包含参数_____，且为第一个参数。

9. 封装是在变量或方法名前加_____，封装后，私有的变量或方法只能在定义它们的类内部调用，在类外和子类中不能直接调用。

10. Python 运算符重载就是通过重写相关 Python 内置方法实现的。这些方法都是以_____开头和结尾的。

11. 在类的定义中将某个属性的名字前面加上两个下划线，表示该属性为私有属性，这是面向对象程序设计中_____的体现。

12. 图形用户界面程序中，为了让界面进入时间循环，需要执行_____方法。

13. Python 语言中，创建对象时，调用的初始化方法（构造方法）的名称是_____。

四、编程题

现成立学生竞赛小组，成名为三人，让学生进行报名。可以单个报名，也可以几人同时报名，同时报名人数不得超过空余名额数。报名满了后不再接受报名。

要求：

（1）显示学生竞赛小组的空余名额、成员名单。

（2）学生报名人数及名单，如：第一次，"张三"一人报名；第二次，"李力、王明"两人报名；第三次，"刘红"一人报名。

如果人数小于等于空余人数，则添加报名人数和名单到竞赛小组中；如果超过空余人数，则提示错误。

请用面向对象的方法设计程序并编码实现。

第 9 章

图形用户界面

学习目标

- 掌握 Tkinter 窗口的创建。
- 掌握 Tkinter 坐标管理器的使用。
- 掌握标签、按钮、输入框、列表框、画布等 Tkinter 组件的使用。

程序除了给用户提供需要的功能外，还要拥有良好的用户界面，方便用户使用程序中的各类功能。Python 在这方面提供了 Tkinter 内置库，本章介绍如何使用 Tkinter 来设计功能强大的用户界面。

9.1　Tkinter 简介

到目前为止，本书所有的输入和输出都只是 IDLE 或命令行提示窗口中的简单文本。而当前流行的计算机桌面应用程序大多数为图形化用户界面（Graphic User Interface，GUI），即通过鼠标对菜单、按钮等图形化元素触发指令，并从标签、对话框等图形化显示容器中获取人机对话信息。

Tkinter interface（tk 接口）是 Tk 图形用户界面工具包标准的 Python 接口。Tkinter 是 Python 的标准 GUI 库，支持跨平台的图形用户界面应用程序开发，包括 Windows、Linux、UNIX 和 Macintosh 操作系统。

Tkinter 的特点是简单实用。Tkinter 是 Python 语言的标准库之一，Python 自带的 IDLE 就是采用它开发的。Tkinter 开发的图形界面，其显示风格是本地化的。Tkinter 特别适用于小型图形界面应用程序的快速开发。

在图形用户界面（Graphical User Interface，GUI）中，并不只是键入文本和返回文本，用户可以看到窗口、按钮、文本框等图形，并且可以用鼠标单击，还可以通过键盘键入。

其图像化编程的基本步骤通常包括：

- 导入 Tkinter 模块。
- 创建 GUI 根窗体。
- 添加人机交互控件并编写相应的函数。
- 在主事件循环中等待用户触发事件响应。

Tkinter 是 Python 的默认 GUI 库，在安装 Python 时默认安装好，不需要通过 pip 工具手动下载安装。由于 Tkinter 开发 GUI 的可移植性和灵活性，加上脚本语言的简洁和系统语言的强劲，Tkinter 可以用于快速开发各种 GUI 程序。

9.1.1　第一个 Tkinter 程序

创建并运行 Tkinter GUI 程序的基本步骤如下。

①导入 Tkinter 模块（import Tkinter 或者 from Tkinter import *）。

②创建一个顶层窗口对象来容纳整个 GUI 组件。

③在顶层窗口对象中加入 GUI 组件。

④把 GUI 组件与事件处理代码相连接。

⑤进入主事件循环。

【例 9.1】简单的 Tkinter 程序示例：我的第一个 Tkinter 窗口。

```
import tkinter                          #导入 Tkinter 模块名
master = tkinter. Tk( )                 #创建顶层窗口对象
master. title("我的第一个 Tkinter 窗口")  #设置窗口标题
master. geometry("300x120")             #设置窗口的大小宽为 300,高为 120
master. mainloop( )                     #主事件循环
```

第一句代码 import tkinter 导入 Tkinter 模块，如果使用 import tkinter as tk，则在下述的代码中使用 tk 代替 tkinter。使用 Tkinter 的 GUI 程序必须先导入 Tkinter 模块，获得 Tkinter 的访问权。

第二句代码 master = tkinter. Tk( ) 创建一个顶层窗口对象。

顶层窗口是指那些在程序中独立显示的部分。可以在 GUI 程序中创建多个顶层窗口，但其中只能有一个是根窗口。可以先设计好组件，再添加实用功能，也可以二者同时进行（这意味着交替执行上述 5 步中的第 3 步和第 4 步）。

第三句代码 master. title（"我的第一个 Tkinter 窗口"）设置窗口的标题为"我的第一个 Tkinter 窗口"。master 对象有多个方法设置窗口的其他属性，如窗口大小、窗口位置等。

第四句代码是设置窗口的宽和高，使用 resizable（width = False,height = True）可以控制窗口是否可以改变，True 表示可以改变，False 表示不可以改变。

第五句代码 master. mainloop( ) 进入主事件循环。这是一个无限循环，通常是程序执行的最后一段代码。执行到本语句后，程序进入主循环，GUI 便从此掌握控制权。所有其他动作都来自回调函数，包括程序退出。需要关闭窗口时，必须唤起一个回调来结束程序。

以上代码运行后，可以得到如图 9 - 1 所示的图形用户界面。

图 9 - 1　我的第一个 Tkinter 程序窗口

9.1.2　在窗口中加入组件

【例 9.1】创建了一个简单的窗口后，如果在窗口中加入组件，就可以形成实用的人机对话窗口；为组件添加事件响应函数，从而让窗口拥有丰富的功能。按钮是在 GUI 界面中经常使用的一个组件，起到确认信息、绑定响应函数的作用。messagebox 是消息弹出框，显示信息。

【例 9.2】为窗口添加一个按钮。当单击该按钮时，弹出提示信息"Hello World!"。

```
from tkinter import*                         #导入 Tkinter 模块中的所有内容
import tkinter.messagebox                    #导入 Tkinter 模块中的弹窗组件
master = Tk()                                #创建顶层窗口对象
master.title("我的第一个 Tkinter 窗口")       #设置窗口标题
master.geometry("300x120")                   #设置窗口大小为 300×120
def button_clicked():
#按钮单击响应函数
    tkinter.messagebox.showinfo("Message","Hello World!")
#弹出消息提示框
btn1 = Button(master,text = "hello",command = button_clicked)
#定义按钮
btn1.pack()
master.mainloop()
#主事件循环
```

本程序首先导入 Tkinter 模块和模块的弹窗组件，使程序能够使用 Tkinter 中的所有模块，这样程序就获得了 Tkinter 的使用权。

使用 btn1 = Button(master,text = "hello",command = button_clicked) 语句使用 Button 按钮类定义一个按钮对象 btn1，括号中是 btn1 按钮的属性参数：master 是定义按钮所在的窗口，任何一个 Tkinter 组件都需要有一个所属窗口；text 是按钮的标题，是按钮上显示的提示信息，此处按钮上的显示信息是 "hello"。command 是属性为 button_clicked。button_clicked() 是一个函数，单击按钮会执行该函数。

语句 def button_clicked():tkinter.messagebox.showinfo("Message","Hello World!") 定义了一个函数，该函数的功能是弹出一个弹窗显示提示信息，弹窗名称是 "message"，提示信息是 "Hello World!"

执行上述代码，程序执行的效果如图 9-2 所示。

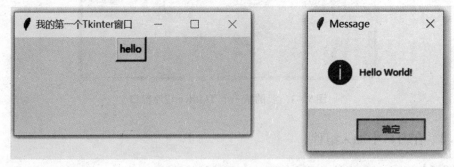

图 9-2　例 9.2 运行效果图

9.2　坐标布局管理器

Tkinter 的坐标布局管理器用于组织和管理在父组件中子组件的布局方式。Tkinter 提供了三类不同的布局管理类：pack，grid 和 place。

9.2.1 pack 坐标布局管理器

pack 坐标布局管理器采用块的方式组织组件。pack 根据组件创建生成的顺序将子组件添加到父组件中,通过设置选项,可以控制子组件的位置等。采用 pack 的代码量最少,故调用子组件的方法 pack 后,该子组件在其父组件中采用 pack 布局。

```
pack(option = value,…)
```

pack 方法提供了表 9 – 1 所示的若干选项。

表 9 – 1　pack 方法提供的选项

选项	意义	取值范围及说明
side	停靠在父组件的哪一边	top (默认值),'buttom','left','right'
anchor	停靠对齐方式	对应于东南西北中及 4 个角 'n','s','w','e','center','nw','sw','se','ne','center' 是默认值
fill	填充空间	'x','y','both','none'
expand	扩展空间	0 或者 1
ipadx,ipady	组件在 x/y 方向上填充的空间大小	单位为 c (厘米)、m (毫米)、i (英寸)、p (打印机的点)
padx,pady	组件外部在 x/y 方向上填充的空间大小	同上

【例 9.3】pack 坐标布局管理器示例。程序运行效果如图 9 – 3 所示。

图 9 – 3　pack 坐标布局管理器示例运行效果

```
from tkinter import*    #导入 Tkinter 模块所有内容
root = Tk();root.title("登录")  #窗口标题
f1 = Frame(root);
f1.pack()   #界面分为上、中、下三个 Frame,f1 放置第一行标签和文本框
f2 = Frame(root);f2.pack()   #f2 放置第二行标签和文本框
f3 = Frame(root);f3.pack()   #f3 放置第三行两个按钮
Label(f1,text ="用户名").pack(side = LEFT)  #标签放置在 f1 中,左停靠
Entry(f1).pack(side = LEFT)   #单行文本框放置在 f1 中,左停靠
Label(f2,text ="密码").pack(side = LEFT)   #标签放置在 f2 中,左停靠
Entry(f2,show ="*").pack(side = LEFT)   #单行文本框放置在 f2 中,左停靠
Button(f3,text ="登录").pack(side = RIGHT)   #按钮放置在 f3 中,右停靠
```

```
Button(f3,text = "取消").pack(side = RIGHT)    #按钮放置在 f3 中,右停靠
root.mainloop()
```

9.2.2 grid 坐标布局管理器

grid 坐标布局管理器采用表格结构组织组件，子组件的位置由行和列确定的单元格决定，子组件可以跨越多行/列。每列中列宽由这一列中最宽的单元格确定。grid 布局适合于表格形式的布局，可以实现复杂的界面，因而被广泛使用。

调用子组件的方法为 grid，则该子组件在其父组件中采用 grid 布局。

```
grid(option = value,…)
```

grid 方法提供表 9-2 所示的若干选项。

表 9-2 grid 方法提供的选项

选项	意义	取值范围及说明
column	单元格列号	从 0 开始的正整数
columnspan	列跨度	正整数
row	单元格行号	从 0 开始的正整数
rowspan	行跨度	正整数
ipadx, ipady	组件在 x/y 方向上填充的空间大小	单位为 c（厘米）、m（毫米）、i（英寸）、p（打印机的点）
padx, pady	组件外部在 x/y 方向上填充的空间大小	单位为 c（厘米）、m（毫米）、i（英寸）、p（打印机的点）
sticky	组件紧贴单元格的某一个边角，对应于东南西北中及 4 个角	'n'，'s'，'w'，'e'，'nw'，'sw'，'se'，'ne'，'center'（默认值），可以紧贴多个边角。例如 tk.N + tk.S

【例 9.4】grid 坐标布局管理器示例。程序运行效果如图 9-4 所示。

图 9-4 grid 坐标布局管理器示例

```
from tkinter import*    #导入 Tkinter 模块所有内容
master = Tk();
master.title("登录")  #窗口标题
```

```
Label(master,text="用户名").grid(row=0,column=0)
#用户名标签放置在第0行第0列
Entry(master).grid(row=0,column=1,columnspan=2)
#用户名文本框放置在第0行第1列,跨两列
Label(master,text="密码").grid(row=1,column=0)
#密码标签放置在第1行第0列
Entry(master,show="*").grid(row=1,column=1,columnspan=2)
#密码文本框放置第1行第1列,跨两列
Button(master,text="登录").grid(row=3,column=1,sticky=E)
#登录按钮右侧贴紧
Button(master,text="取消").grid(row=3,column=2,sticky=W)
#取消按钮左侧贴紧
master.mainloop()
```

9.2.3 place 坐标布局管理器

place 坐标布局管理器允许指定组件的大小与位置。place 的优点是可以精确控制组件的位置,不足之处是改变窗口大小时,子组件不能随之灵活改变大小。调用子组件的方法 place,则该子组件在其父组件中采用 place 布局。

```
place(option;…)
```

place 方法提供表 9-3 所示的若干选项,可以直接给选项赋值或以字典变量加以修改。

表 9-3 place 方法提供的选项

可选项	意义解释	取值范围及说明
x, y	绝对坐标	从 0 开始的正整数
relx, rely	相对坐标	取 0.0~1.0 之间的值
width, height	宽和高的绝对值	正整数,单位: pixel
relwidth, relheight	宽和高的相对值	取 0.0~1.0 之间的值
anchor	对齐方式。对应于东南西北中及4个角	'n', 's',' w', 'e', 'nw', 'sw', 'se', 'ne', 'center'(默认值)

【例9.5】place 坐标布局管理器示例。程序运行效果如图 9-5 所示。

图 9-5 place 坐标布局管理器示例

```
from tkinter import*    #导入 Tkinter 模块所有内容
root = Tk()
root.title("登录")   #窗口标题
root['width'] = 200   #窗口宽度
root['height'] = 80   #窗口高度
Label(root,text = "用户名",width = 6).place(x = 1,y = 1)
#用户名标签,绝对坐标(1,1)
Entry(root,width = 20).place(x = 45,y = 1)   #用户名文本框,绝对坐标(45,1)
Label(root,text = "密码",width = 6).place(x = 1,y = 20)
#密码标签,绝对坐标(1,20)
Entry(root,width = 20,show = "* ").place(x = 45,y = 20)
#密码文本框,绝对坐标(45,20)
Button(text = "登录",width = 8).place(x = 40,y = 40)
#登录按钮,绝对坐标(40,40)
Button(root,text = "取消",width = 8).place(x = 110,y = 40)
#取消按钮,绝对坐(110,40)
root.mainloop()
```

9.3 事件处理

9.3.1 事件处理

用户通过鼠标和键盘与图形用户界面交互时，会触发事件。Tkinter 事件采用放置于尖括号（<>）内的字符串表示，称为事件系列。其通用格式如下：

```
<[modifier -]…type[ -detai1] >
```

其中，可选的 modifier 用于组合键定义，例如，同时按下 Ctrl 键 + type，type 表示通用类型，例如键盘按键（KeyPress）；可选的 detail 用于具体信息，例如按键 A。

常用的事件类型如下。

```
<Control -Shif -Alt -KeyPress -A >#同时按下 Ctrl、Shift、Alt 和 A4 个键
<KeyPress -A >                    #按下 A 键
<Button -1 >                      #单击鼠标左键
<Double -Button -1 >              #双击鼠标左键
```

也可以使用短格式表示事件，例如，' <1 > '等同于' <Button -1 > ','x'等同' <Key-Pess -x > '。

9.3.2 事件绑定

调用组件对象实例方法 bind，可以为指定组件实例绑定事件。

【例9.6】编写一个程序，当使用鼠标左键单击容器时获得坐标，如图9-6所示。

```
=================== RESTART: C:/python/教材9.5.py ===================
clicked at 20 20
clicked at 24 48
clicked at 35 77
clicked at 13 13
clicked at 52 3
clicked at 86 26
clicked at 87 71
clicked at 10 78
clicked at 28 33
clicked at 55 44
```

图 9-6 单击鼠标左键获得的坐标

代码如下：

```
from tkinter import*
master = Tk()
def callback(event):
    print("clicked at",event.x,event.y)
frame = Frame(master,width =100,height =100)
frame.bind(" < Button - 1 > ",callback)#绑定鼠标左键,单击左键就调用 #
callback()函数
frame.pack()
master.mainloop()
```

9.3.3 为事件定义事件响应函数

创建组件对象实例时，可以通过其命名参数 command 指定事件处理函数。

【例 9.7】 为按钮添加响应函数。

```
import tkinter as tk
master = tk.Tk()
master.title("我的 Tkinter 窗口")
def button_clicked():
    master.title("你单击了按钮")
btn = tk.Button(master,text ="一个按钮",command =button_clicked)
btn.pack()
master.mainloop()
```

语句 btn = tk.Button(master,text = "一个按钮"，command = button_clicked) 创建按钮对象，同时设置按钮的 command 属性为 button_clicked。button_clicked 是一个函数，单击按钮时会执行该函数。

def button_clicked( )：master.title("你单击了按钮") 定义了 button_clicked( ) 函数，其功能是通过 master.title("你单击了按钮") 语句将窗口 master 的标题设置为"你单击了按钮"。

执行例 9.7 后，效果如图 9-7 所示。

图 9 – 7　例 9.7 按钮及按钮响应运行效果图

9.4　Tkinter 组件及其属性

上面介绍了 Tkinter 库中的弹窗（messagebox）、按钮（button）组件及事件的响应机制。除了上述两个组件之外，Tkinter 还有许多其他组件，各个组件有其不同的属性和事件，见表 9 – 4。

表 9 – 4　Tkinter 库包含的各类组件及其功能描述

控件	名称	作用
Button	按钮	单击触发事件
Canvas	画布	绘制图形或绘制特殊控件
Checkbutton	复选框	多项选择
Entry	输入框	接收单行文本输入
Frame	框架	用于控件分组
Label	标签	单行文本显示
Lisbox	列表框	显示文本列表
Menu	菜单	创建菜单命令
Menubutton	菜单按钮组件	显示菜单项
Message	消息	多行文本标签，与 Label 用法类似
Radiobutton	单选按钮	从互斥的多个选项中做单项选择
Scale	滑块	默认垂直方向，鼠标拖动改变数值形成可视化交互
Scrollbar	滑动条	默认垂直方向，可鼠标拖动改变数值，可与 Text、Lisbox、Canvas 等控件配合移动可视化空间
Text	文本框	接收或输出显示多行文本
Toplevel	新建窗体容器	在顶层创建新窗体

9.4.1　Label 组件

Label（标签）主要用于显示文本信息。Label 既可以显示文本，也可以显示图像。

【例9.8】Label 示例。

```
from tkinter import*                           #导入 Tkinter 模块所有内容
root = Tk();root.title("Label 示例")           #窗口标题
w = Label(root,text = "姓名")
#创建 Label 组件对象,显示文本为"姓名"
w.config(width = 20,bg = 'grey',fg = 'white')  #设置宽度、背景色、前景色
w['anchor'] = E                                #设置停靠方式为右对齐
w.pack()
root.mainloop()
```

程序运行效果如图9-8所示。

图9-8 程序 Label 示例运行效果图

9.4.2 LabelFrame 组件

LabelFrame (标签框架) 是一个带标签的矩形框架,主要用于包含若干组件。

【例9.9】LabelFrame 示例 (labelFrame.py)。

```
from tkinter import*                           #导入 Tkinter 模块所有内容
root = Tk();root.title("LabelFrame")           #窗口标题
lf = LabelFrame(root,text = "组1")            #创建 LabelFrame 组件对象
lf.pack()
Button(lf,text = "确定").pack(side = LEFT)    #确定按钮,左停靠
Button(lf,text = "取消").pack(side = LEFT)    #取消按钮,左停靠
root.mainloop()
```

程序运行效果如图9-9所示。

图9-9 LabelFrame 组件运行效果图

9.4.3 Message 组件

Message (消息) 和 Label 一样,也用来显示文本信息,但主要用于显示多行文本

信息。

【例9.10】Message 示例（message.py）。

```
from tkinter import*                          #导入 Tkinter 模块所有内容
master = Tk();master. title("Message")         #窗口标题
w = Message(master,bg = 'black',fg = 'white')  #创建 Message 组件对象
w. config(text = "内容显示在一个宽高比为150%的消息框中")  #设置显示文本
w[ 'anchor'] = 'w'                            #设置停靠方式为左对齐
w. pack()
master. mainloop()
```

程序运行效果如图 9－10 所示。

图 9－10　Message 组件运行效果示例

9.4.4　Entry 组件运行示例

Entry（单行文本框）主要用于显示和编辑文本。

【例9.11】Entry 和标签应用实例。

```
import tkinter as tk
top = tk. Tk()
top. title("Label 组件和 Entry 组件使用")
label1 = tk. Label(top,text = "请输入姓名:")  #创建第一个 Label 组件对象
label2 = tk. Label(top,text = "输入的姓名:")  #创建第二个 Label 组件对象
entry1 = tk. Entry(top)  #创建第一个 Entry 组件对象
entry2 = tk. Entry(top)  #创建第二个 Entry 组件对象
label1. pack()   #使用包坐标管理器将 label1 放置到窗口中
entry1. pack()   #使用包坐标管理器将 entry1 放置到窗口中
label2. pack()   #使用包坐标管理器将 label2 放置到窗口中
entry2. pack()   #使用包坐标管理器将 entry2 放置到窗口中
def button_clicked():  #按钮事件,将 entry1 的内容复制到 entry2
    entry2. delete(0,tk. END)
    text = entry1. get()
```

```
entry2.insert(0,text)
btn = tk.Button(top,text = "文本复制",command = button_clicked)
btn.pack()
top.mainloop()
```

程序运行效果如图 9 – 11 所示。

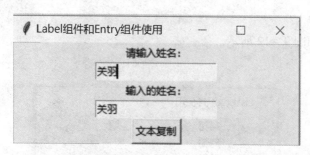

图 9 – 11 标签与文本框组件使用示例

这段代码创建了 label1 和 label2 两个 Label 组件对象、entry1 和 entry2 两个 Entry 组件对象，以及一个名为 bt 的 Button 对象，并为按钮添加了单击事件处理函数。运行代码后，出现如图 9 – 11 所示的界面，5 个组件按照调用 pack( ) 方法的先后顺序（代码中的先后顺序是 label1、entry1、label2、entry2、btn），依次放置在窗口中。在第一个 Entry 组件中输入文本 "关羽"，然后单击按钮，第二个 Entry 组件中的内容也会变成 "关羽"。

在实现按钮单击功能的函数 button clicked( ) 中，有 3 句关键语句。

①entry2.delete(0,tk.END) 语句调用 delete 方法将 entry2 中的文本内容清空。调用 delete( ) 方法时传入两个参数：第一个参数 0 表示被删除的文本的起始位置，第二个表示被删除的文本的结束位置。

②text = entry1.get( ) 语句调用 get( ) 方法，获取 entry1 中的文本内容并保存在 text 变量中。

③entry2.insert(0,text) 语句调用 insert( ) 方法，将 entry2 的文本内容设置为 text 变量中保存的文本。调用 insert( ) 时传入两个参数：0 表示 entry2 中要插入文本的位置（已使用第一个语句清空了 entry2 中的内容），text 是需要插入的文本内容。

9.4.5 Listbox 组件

Listbox（列表框）组件用来显示一个字符串列表，例如，以下代码使用 Listbox 组件显示 3 个人的姓名。

【例 9.12】列表框组件使用示例。

```
import tkinter as tk
top = tk.Tk()
top.title("Listbox 组件使用")
```

```
List = tk. Listbox( top)                    #创建 Listbox 对象
names = ["韩信","刘邦","项羽"]             #待添加的姓名
for name in names:
    List. insert(0,name)
#将 names 中的 3 个姓名依次添加到 Listbox 组件对象中
List. pack( )                              #使用包坐标管理器放置 Listbox 组件对象
top. mainloop( )
```

程序运行效果如图 9 – 12 所示。

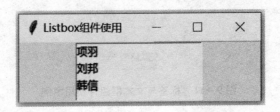

图 9 – 12 列表框组件使用示例

例 9.12 程序中：

list = tk. Listbox(top) 语句使用 tk. Listbox 类创建一个 Listbox 对象。

List. insert(0,name) 调用 insert( ) 方法将变量 name 中保存的字符串添加到对象 List 的第 0 个位置。如果要添加多个不间断的字符串，则可以调用多次。以上代码将 3 个姓名字符串添加到 Listbox 对象中。

可以将 Entry，Listbox 和 Button 联合使用，从 Entry 组件输入文本。单击按钮后，将文本添加到 Listbox 组件对象中，如例 9.13 所示。

【例 9.13】 多种组件组合使用示例。

```
import tkinter as tk
master = tk. Tk( )
master. title( "Listbox 组件使用")
entry1 = tk. Entry( master)
entry1. grid( row = 0,column = 0)
#使用网格坐标管理器将 entry1 放置到第 0 行第 0 列
list = tk. Listbox( master)
def button_clicked( ):
text = entry1. get( )  #获取 entry1 组件中的文本
list. insert(0,text)      #将文本添加到 Listbox 组件中
btn = tk. Button( master,text = "添加到列表",command = button_clicked)
                                                                          #按钮
btn. grid( row = 0,column = 1)  #将按钮放置到第 0 行第 1 列
```

```
list. grid( row =1,column =0,columnspan =2)#将 Listbox 组件放置到第 1 行
                                      #第 0 列,并占用两列宽度
master. mainloop( )
```

程序运行效果如图 9 – 13 所示。

图 9 – 13　例 9.13 多种组件联合使用示例

以上代码使用了网格坐标管理器，将各个组件放置到对应的位置。其中语句 list. grid
（row =1， column =0， columnspan =2）中的 columnspan 用于设置所占列数；rowspan 用于设置所占行数。运行之后得到如图 9 – 13 所示的界面，在文本框中输入文本，单击按钮之后，将文本添加到 Listbox 中。

9.4.6　Canvas 组件

Tkinter 的 Canvas（画布）组件，用于绘制各种几何图形，如圆、椭圆、线段、三角形、矩形、多边形等。

【例 9.14】画布组件使用示例。

```
import tkinter as tk
top =tk. Tk( )
top. title( "画布组件使用")
canvas =tk. Canvas( top)
#绘制矩形,左上角坐标是(10,130),左下角坐标是(80,210)
canvas. create_rectangle(10,130,80,210,tags ="rect")
#绘制圆,放置在左上角坐标是(10,10),左下角坐标是(80,80)的正方形中,用红色
#填充
canvas. create_oval(10,10,80,80,fill ="red",tags ="oval")
#绘制椭圆,安放在左上角坐标是(10,90),左下角坐标是(80,120)的矩形中,用绿色
#填充
```

```
canvas.create_oval(10,90,80,120,fill = "green",tags = "oval")
#绘制三角形,三个顶点分别是(90,10)、(190,90)、(90,90)
canvas.create_polygon(90,10,190,90,90,90,tags = "polygon")
#绘制线段,两个端点分别是(90,180)、(180,100),颜色为红色
canvas.create_line(90,180,180,100,fill = "red",tags = "line")
#绘制字符串"Hello,I am sunnyboy",font 参数决定字体
canvas.create_text(180,200,text = "Hello,I am sunnyboy",font = "time
12 bold underline",tags = "string")
canvas.pack()
top.mainloop()
```

运行之后得到如图 9 – 14 所示的界面。

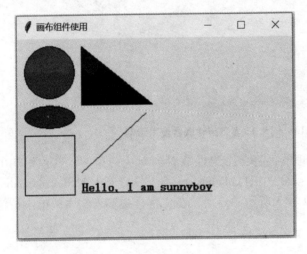

图 9 – 14　Canvas 组件运行示例

扫码查看彩图

9.4.7　Text 组件

Text（多行文本框）主要用于显示和编辑多行文本。

【例 9.15】Text 组件的使用。

```
from tkinter import*                          #导入 Tkinter 模块所有内容
master = Tk();
master.title("Text")                         #窗口标题
w = Text(master,width = 20,height = 5)       #创建文本框,宽20,高5
w.pack()
w.insert(1.0,'我们挑战明天,拥抱未来! \n')
w.get(1.0,END)                               #显示"我们挑战明天,拥抱未来"文本!
master.mainloop()
```

运行结果如图 9 – 15 所示。

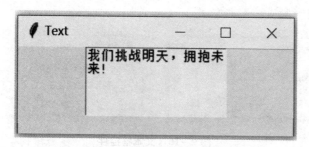

图 9 – 15 Text 组件文本运行示例

上述内容讲述了 Tkinter 库中常见组件的使用及事件的响应机制。Python 的 GUI 开发库还有 wxPython、PythonWin、Java swing（只能使用在 JPython 上）等，鉴于篇幅原因，不再赘述，读者可以参考其他资料。

本章小结

本章学习了 Tkinter 库的知识和使用 Tkinter 库设计 GUI 界面的方法，包括使用 Tkinter 创建顶层窗口和各种 Tkinter 组件（弹窗、按钮、标签、输入框、列表框、画布等），以及 Tkinter 坐标管理器的使用等。通过本章的学习，读者初步掌握了 GUI 程序的设计方法，为以后设计 GUI 界面的实用程序打下基础。

习 题 9

一、单选题

1. 设 Tkinter 顶层窗口名为 top，现创建一个 Tkinter 组件，以下选项错误的是（   ）。

A. btn = tk. Button(top)   B. etn = tk. Entry(top)

C. lst = tk. ListBox(top)   D. btn = tk. Button(top, text = " ")

2. 以下不是 Tkinter 组件的是（   ）。

A. tk.Text   B. tk.Checkbutton   C. tk.Menubutton   D. tk.MessageBox

二、填空题

1. Tkinter 有 3 种坐标管理器，分别是_____、_____、_____。

2. Tkinter 实现画布功能的组件是_____、用于创建列表的组件是_____、实现主事件循环的方法是_____。

3. 创建并且运行 Tkinter 的程序一共有 5 步：第一步是导入 Tkinter 模块，第二步是_____，第三步是_____，第四步是_____，第五步是_____。

三、编程题

1. 编写程序实现图 9 – 16 所示窗口，要求在文本框中输入文本，单击"文本复制"按钮后，将标签 1 的内容变成输入文本。

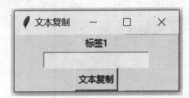

图 9 – 16　文本框控件

2. 使用 textLabel 和 imgLabel 组件实现图 9 – 17 所示界面。

图 9 – 17　**textLabel** 和 **imgLabel** 组件应用示例　　　　扫码查看彩图

第 **10** 章

常用标准库函数

学习目标

- 掌握 Python 程序的编辑和运行方法。
- 掌握 Python 中 turtle（海龟）函数库、random 随机函数库、datetime 时间函数库的使用方法。
- 学会使用 turtle 函数库进行简单图形的绘制。
- 掌握 random 随机函数库、datetime 时间函数库的应用。

Python 拥有一个强大的标准库。Python 标准库提供了系统管理、网络通信、文本处理、数据库接口、图形系统、XML 处理等功能。Python 常用的标准库函数有 turtle（海龟）函数库、random 随机函数库和 datatime 时间函数库等。

10.1 小海龟画图模块 turtle

turtle（海龟）库是 Python 重要的标准库之一，它能够进行基本的图形绘制。turtle 图形绘制的概念诞生于 1969 年，成功应用于 LOGO 编程语言。turtle 库可以绘制很多好看的图像，例如笑脸、卡通人物、美丽的玫瑰花、圣诞树和各种 LOGO 等。

10.1.1 画直线的小海龟 turtle

1. 小海龟画线段

打开 Python 程序的开发工具，使用 Python Shell 中的文件编辑器编写代码，并新建一个程序文件。

【例 10.1】引入 turtle 库，在屏幕上绘制一条线段。

解析：turtle 库绘制图形有一个基本框架：想运用 Python 画图时，导入 turtle 库，召唤小海龟，让小海龟在坐标系中爬行，其爬行轨迹形成了绘制图形。刚开始绘制时，小海龟位于画布正中央，此处坐标为（0，0），前进方向为水平右方。

```
import turtle                  #导入 turtle 库
turtle. shape("turtle")        #设置画笔的形状为小海龟
turtle. forward(100)           #海龟向前移动一段距离
turtle. left(90)               #让小海龟左转 90 度
turtle. done()                 #结束当前的绘制工作
```

单击"Run"→"Run Module"，保存文件，输入想保存的名字，例如 turtle_1. py，然后运行程序，可以看到运行结果如图 10 - 1 所示。运行程序后，小海龟在屏幕上画了一条线段，然后朝左转了 90 度，停了下来，绘图结束。

程序代码中的相关知识：

本例题第一行代码 import turtle 是导入 turtle 库，为了使用 Turtle 函数库的功能，需要使用 import 语句将该函数库导入目前的程序中。使用 import 保留字对 turtle 库进行引用有如下 3 种方式，效果相同。

①import turtle，则对 turtle 库中函数调用采用 turtle. <函数名>() 形式。

例如：import turtle

    turtle. circle(200)

②from turtle import＊，则对 turtle 库中函数调用采用 <函数名>() 形式，不再使用 turtle. 作为前导。

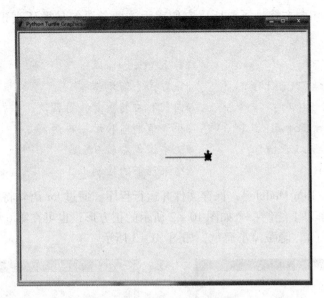

图10-1　屏幕上绘制一条线

例如：from turtle import *

　　　circle(200)

或者仅导入所使用的函数。

例如：from turtle import circle

　　　circle(200)

③import turtle as t，保留字 as 将 turtle 库给予别名 t，则对 turtle 库中函数的调用采用更简洁的 t.<函数名>()形式。

例如：import turtle as t

　　　t. circle(200)

本例题第二行代码 turtle. shape（"turtle"）是设置画笔的形状，在 turtle. shape()的括号里填入 TurtleScreen 的形状库，例如 arrow（箭头▲）、turtle（小海龟）、circle（实心圆形●）、square（实心正方形■）、triangle（三角形▲）和 classic（默认为箭头▲），括号里的内容决定了小海龟的样子。

导入相应的函数库之后，便可以使用该函数库提供的各类函数进行相应的绘图操作，例如：turtle. forward(distance)，作用是沿着小海龟的朝向，向前移动指定的距离（distance）；turtle. right(angle)，是改变画笔行进方向为当前方向向右旋转 angle 角度；turtle. left(angle)，是向左旋转 angle 角度，angle 是角度相对值，角度的整数值。本例题的第三行代码 turtle. forward(100)控制小海龟向前走 100 个像素；第四行代码 turtle. left(90)，让小海龟左转 90 度；第五行代码 turtle. done()，结束当前的绘制工作。

2. 小海龟画正方形

【例10.2】通过不断地绘制线段和右转90度，在屏幕上绘制正方形。

解析：这里提出了一个最重要的格式控制——缩进（indentation），必须使用4个空格来表示向右缩进，支持 Tab 字符。缩进代表了程序段落之间的关系，例如下面程序中，因为

for 语句后的两条语句向右缩进了，所以它们表示这两条语句是循环真正需要执行的代码，即循环体。

```
import turtle                      #导入 turtle 库
turtle.shape("turtle")            #设置为小海龟造型
for i in range(4):                #向前和右转重复执行四次
    turtle.forward(100)           #小海龟向前移动一段距离
    turtle.right(90)              #让小海龟右转 90 度
turtle.done()                     #结束当前的绘制工作
```

单击"Run"→"Run Module"，保存文件并运行程序。通过 for 语句将向前和右转重复执行 4 次，便可以在屏幕上绘制一个如图 10 - 2 所示的正方形，也可在第 6 行代码前增加一行代码 turtle.hideturtle()，隐藏掉小海龟，如图 10 - 3 所示。

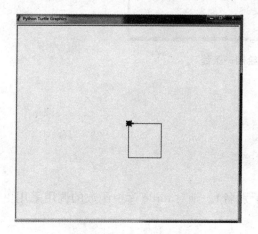

图 10 - 2　绘制的正方形

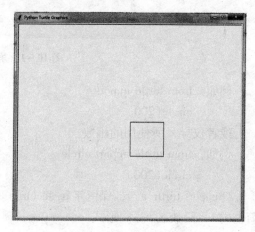

图 10 - 3　隐藏小海龟的正方形

3. 画正多边形

【例 10.3】在屏幕上绘制正多边形。

解析：正多边形内角计算公式：内角 =（边数 - 2）× 180/边数，通过内角计算公式算出正多边的内角，再通过外角计算公式，算出外角，可以给定正多边形的边数和图形填充颜色，任意画出自己想要的正多边形。

```
import turtle                                       #导入 turtle 库
num = int(input("Please input the num of the polygon:"))
                                                    #请输入正多边形的数目
color = input("Please input the color of the fillcolor:")
                                                    #请输入正多边形填充的颜色
turtle.fillcolor(color)                             #正多边形填充的颜色
angle = 180 - (num - 2) * 180/num                   #正多边形外角计算公式
turtle.begin_fill()                                 #准备开始填充图形
for i in range(num):                                #循环次数
```

```
    turtle. forward(100)                    #小海龟向前移动一段距离
    turtle. right(angle)                    #让小海龟右转
turtle. end_fill()                          #完成填色
turtle. done()                              #结束当前的绘制工作
```

运行程序后，输入正多边形具体边数和正多边形填充的颜色。

例如：Please input the num of the polygon：6

　　　Please input the color of the fillcolor：yellow

运行结果如图10-4所示。

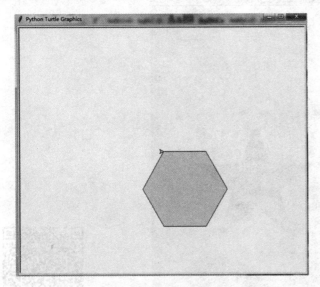

图10-4　根据给定的值绘制的正多边形

扫码查看彩图

4. 小海龟绘制美丽的五角星

【例10.4】通过使用循环机制绘制五角星，并为五角星上色。

解析：通过 bgcolor( ) 函数设置画布背景颜色；color( ) 函数中的参数可以是一个代表着不同颜色的英文单词，也可以是三个分别表示红色、绿色、蓝色的数值（该数值必须在十六进制数00~FF之间）；使用 begin_fill( ) 函数和 end_fill( ) 函数为五角星填充颜色。循环的次数设置为5次，是在屏幕上绘制5个相同的尖角；每一次的循环内容都是从海龟的当前位置出发，先绘制一条短边，然后向右转144°，再绘制另外一条短边，这样就构成了五角星的一个尖角。

```
import turtle                               #导入 turtle 库
turtle. bgcolor("yellow")                   #设置画布背景颜色为黄色
turtle. color("red")                        #通过 color 函数设置笔触为红色
turtle. begin_fill()                        #准备开始填充图形
for i in range(5):                          #五角星有5个角,所以要循环5次
    turtle. forward(100)                    #小海龟向前移动一段距离
```

```
        turtle.left(72)              #让小海龟左转 72 度
        turtle.forward(100)          #小海龟向前移动一段距离
        turtle.right(144)            #让小海龟右转 144 度
    turtle.end_fill()                #完成填色
    turtle.done()                    #结束当前的绘制工作
```

运行上述程序，可以在屏幕上看到小海龟绘制一颗背景为黄色、笔触为红色的五角星，最后看到小海龟绘制的五角星填充颜色默认为笔触颜色红色，效果如图 10 - 5 所示。

图 10 - 5　绘制美丽的五角星

扫码查看彩图

5. 绘制大星星和小星星

【例 10.5】通过函数的参数实现不同的函数调用效果。

解析：在定义函数的过程中，可以预先使用一组变量（x，y，c）来代表需要让海龟移动到的坐标信息和填充的颜色信息，然后在函数调用时再去传递一个确切的实际参数。函数定义中代表参数的变量，称为形式参数，在函数定义的过程中，它们并没有确切的值，而函数定义中传递给函数的参数则称为实际参数。

```
import turtle                        #导入 turtle 库
def drawstar(x,y,c):
#定义绘制星星的函数的程序实现,加入 x,y,c 的形式参数
    turtle.color(c)
#将参数 c 中获得的字符串作为颜色传递给小海龟
    turtle.up()                      #抬笔
    turtle.goto(x,y)
```

```
#此处将参数的值代入,移动海龟到指定的位置
    turtle. down()                    #落笔
    turtle. begin_fill()              #准备开始填充图形
    for i in range(5):                #循环次数5
        turtle. forward(100)          #小海龟向前移动一段距离
        turtle. right(144)            #让小海龟右转144度
    turtle. end_fill()                #完成填色
```

接下来的程序将会调用上面定义的函数进行星星的绘制。

```
turtle. bgcolor("black")             #设置画布背景颜色为黑色
drawstar( -100,100,"yellow")
#在坐标( -100,100)的位置绘制一颗黄色的星星
drawstar(100,100,"green")
#在坐标(100,100)的位置绘制一颗绿色的星星
drawstar(0,0,"orange")
#在坐标原点位置绘制一颗橙色的星星
drawstar( -100, -100,"red")
#在坐标( -100, -100)的位置绘制一颗红色的星星
drawstar(100, -100,"purple")
#在坐标(100, -100)的位置绘制一颗紫色的星星
turtle. done()                       #结束当前的绘制工作
```

使用 def 开始的代码即为定义函数的语句,从该行开始缩进的程序内容即为函数的函数体。一个函数定义完毕后,调用了一次 drawstar( ) 函数,所以只会在屏幕上绘制一颗星星,如果要在屏幕上绘制更多的星星,则需要修改代码 goto 语句中的 x、y 参数,移动海龟到指定的位置绘制星星。运行上述程序,可以在屏幕上看到小海龟绘制五颗大小相同,颜色和位置不同的小星星,如图 10 -6 所示。

图 10 -6 绘制五颗大小相同、颜色和位置不同的小星星

扫码查看彩图

6. 绘制五星红旗

【例10.6】 绘制五星红旗。

解析：中华人民共和国国旗是五星红旗，旗面为红色。国旗尺寸不是统一的，长宽比例为3∶2。左上方缀黄色五角星五颗，四颗小星环拱在一颗大星的右边，并各有一个角尖正对大星的中心点。

```python
import turtle                      #导入 turtle 库
turtle.setup(600,400,0,0)          #设置画布的大小和初始位置
turtle.bgcolor("red")              #设置画布的颜色,此处设为五星红旗的底色红色
turtle.fillcolor("yellow")         #五角星的填充颜色
turtle.color('yellow')             #画笔颜色和五角星颜色一致
turtle.speed(10)                   #绘制图形的速度
def mygoto(x,y):                   #自定义绘制图形位置函数
    turtle.up()                    #提起画笔
    turtle.goto(x,y)               #将画笔移动到坐标指定的位置
def draw(z):                       #自定义绘制五角星函数
    turtle.begin_fill()            #准备开始填充图形
    for i in range(5):             #五角星有 5 个角,要循环 5 次
        turtle.forward(z)          #向当前画笔方向移动 z 像素
        turtle.right(144)          #顺时针移动 144 度
    turtle.end_fill()              #填充完成
mygoto(-280,100)                   #调用大五角星图形位置函数
turtle.down()                      #落笔
draw(150)                          #绘制大五角星
mygoto(-100,180)                   #调用第 1 颗副星图形位置函数
turtle.setheading(305)            #设置当前海龟的朝向,会改变海龟的方向
turtle.down()                      #落笔
draw(50)                           #调用绘制五角星函数,画第 1 颗副星
mygoto(-50,110)                    #调用第 2 颗副星图形位置函数
turtle.setheading(30)             #设置当前海龟的朝向,会改变海龟的方向
turtle.down()                      #落笔
draw(50)                           #调用绘制五角星函数,画第 2 颗副星
mygoto(-40,50)                     #调用第 3 颗副星图形位置函数
turtle.setheading(5)              #设置当前海龟的朝向,会改变海龟的方向
turtle.down()                      #落笔
draw(50)                           #调用绘制五角星函数,画第 3 颗副星
mygoto(-100,50)                    #调用第 4 颗副星图形位置函数
turtle.setheading(300)            #设置当前海龟的朝向,会改变海龟的方向
```

```
turtle. down()                       #落笔
draw(50)                             #调用绘制五角星函数,画第 4 颗副星
turtle. hideturtle()                 #隐藏画笔
turtle. done()                       #程序暂停,直到用户关闭
```

运行上述代码可以在屏幕上看到小海龟绘制了五颗背景为红色、笔触为黄色的大小不一的五角星,如图 10 - 7 所示。可以看到小海龟将绘制的五角星填充上黄色,构成了一面五星红旗。但单纯地使用 turtle 函数库很难做到四颗小星的角尖都对准大星的中心点,需要增加Python math 模块提供了更多的数学运算。

图 10 - 7　绘制五星红旗　　　　　　　　扫码查看彩图

程序代码中的相关知识:

(1) turtle. setup(width = 0. 5, height = 0. 75, startx = None, starty = None) 或 turtle. setup(width = 800, height = 800, startx = 100, starty = 100)

作用:展开用于绘图的区域,可以设置主窗体的大小和初始位置。

参数:width, height:输入宽和高为整数时,表示像素;为小数时,表示占据电脑屏幕的比例。

startx, starty:这一坐标表示矩形窗口左上角顶点的位置;如果为空,则窗口位于屏幕中心。startx 的值是空,窗口位于屏幕水平中央;starty 的值是空,窗口位于屏幕垂直中央。

(2) turtle. setheading(angle)

作用:设置当前朝向为 angle 角度。turtle 库的角度坐标体系以正东方向为绝对 0°,这也是小海龟的初始爬行方向,正西方向为绝对 180°。因此,可以利用这个绝对坐标体系随时更改小海龟的前进方向。

10. 1. 2　画圆形或曲线的小海龟 turtle

1. 绘制同切圆

【例 10. 7】下面这段代码使用 turtle 完成同切圆的绘制。

解析：同切圆的特点从图中就可以得出，即每一次圆都是从同一个地方出发，可以看作是从小乌龟的左侧或右侧找个圆心，以 r 为半径旋转 360°，区别是每次旋转点的半径不同。

```
import turtle                    #导入 turtle 库
turtle.setup(500,500,200,200)   #设置窗体大小和初始位置
turtle.pensize(2)               #设置画笔粗细
turtle.pencolor('red')          #设置画笔颜色
turtle.right(90)                #设置笔尖右旋 90 度
turtle.penup()                  #设置笔尖朝上
turtle.fd(-20)                  #设置后退 20 像素
turtle.pendown()                #设置笔尖朝下
turtle.seth(0)                  #设置(前进)方向归零
turtle.circle(40)               #从小乌龟的左侧找个圆心点画半径 40 像素的圆
turtle.circle(60)               #从小乌龟的左侧找个圆心点画半径 60 像素的圆
turtle.circle(-60)              #从小乌龟的右侧找个圆心点画半径 60 像素的圆
turtle.color("green")           #设置画笔的颜色为绿色
turtle.circle(-40)              #从小乌龟的右侧找个圆心点画半径 40 像素的圆
turtle.circle(80)               #从小乌龟的左侧找个圆心点画半径 80 像素的圆
turtle.circle(-80)              #从小乌龟的右侧找个圆心点画半径 80 像素的圆
turtle.done()                   #程序暂停,直到用户关闭
```

运行程序后，效果如图 10-8 所示，从小乌龟的左、右侧两个方向画同切圆。

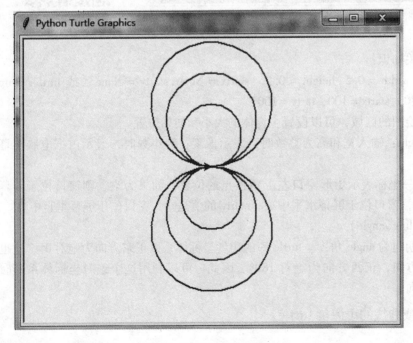

图 10-8　同切圆效果图

扫码查看彩图

程序代码中的相关知识：

turtle. circle(radius, extent = None, steps = None)，以给定半径画圆。

参数如下：

radius（半径）：半径为正（负），表示圆心在画笔的左边（右边）画圆。

extent（弧度）：表示度数，用于绘制圆弧。

steps(optional)：step 表示边数，可用于绘制半径为 radius 的圆的内切正多边形。

2. 绘制彩色图形

【例 10.8】下面这段代码使用 turtle 绘制了彩色图形。

解析：在循环过程中，colors 不断地重复取值："red""yellow""blue""green"，在循环过程中，就会不断地重复画出"红色的圆""黄色的圆""蓝色的圆""绿色的圆"。

```python
import turtle                              #导入 turtle 库
t = turtle. Turtle()                       #Python 的绘图模块
colors = ["red","yellow","blue","green"]
                                           #列表中画笔的颜色为红色、黄色、蓝色、绿色
for x in range(100):                       #循环次数 100
    t. pencolor(colors[x%4])               #依次选择画笔颜色
    t. circle(x)                           #画半径为 x 的圆
    t. left(90)                            #向左偏转 90 度,依次在四个位置画圆
```

运行程序后，效果如图 10-9 所示。

图 10-9　彩色图形

扫码查看彩图

程序代码中的相关知识：

第五行代码 t. pencolor(colors[x%4]) 中，x%4 表示 x 除以 4 的余数。由于在循环中，x 从 1 逐渐变大，取余数后其值就不断地重复取值 1，2，3，0，而 colors 是一个存放有 4 个颜色值的列表。colors[0] 的值是"red"，colors[1] 的值是"yellow"，colors[2] 的值是"blue"，colors[3] 的值是"green"。

3. 绘制蟒蛇

【例 10.9】使用 turtle 绘制一条蟒蛇。

解析：Python 是"蟒蛇"的意思，因此，绘制一条蟒蛇十分有趣。

```
import turtle                        #导入 turtle 库
turtle. setup(650,350,300,300)      #窗体宽、高及 x,y 坐标
turtle. penup()                      #抬起画笔,海龟飞起来
turtle. fd(-250)                     #小海龟后退 250 像素,一般默认在窗体正
中间
turtle. pendown()                    #海龟降落,继续爬行
turtle. pensize(25)                  #设置画笔的宽度
turtle. pencolor("purple")           #设置画笔颜色为紫色
turtle. seth(-40)
#改变当前小海龟的行进角度,绝对坐标系中的 -40 度方向
for i in range(4):                   #循环次数 4
        turtle. circle(40,80)
#以左侧距离为 r 的点为圆心蛇皮走位(半径 40,旋转角度 80)
        turtle. circle(-40,80)
#以右侧距离 r 的点为圆心蛇皮走位(半径 40,旋转角度 80)
turtle. circle(40,80/2)
#以左侧距离为 r 的点为圆心蛇皮走位(半径 40,旋转角度缩小 1 半)
turtle. fd(40)                       #沿直线移动 40 像素
turtle. circle(16,180)               #调头
turtle. fd(40* 2/3)                  #沿直线移动距离缩减 1/3
turtle. done()
#程序运行之后,不会退出运行 Python 蟒蛇绘制的源代码
```

运行上述代码，该程序输出的蟒蛇效果如图 10 - 10 所示。

程序代码中的相关知识：

①程序运行导入 turtle 库，遇到 setup 函数，turtle 中的 turtle. setup() 函数用于启动一个图形窗口，它有四个参数：width,height,startx,starty，分别是启动窗口的宽度和高度，以及窗口启动时，窗口左上角在屏幕中的坐标位置。所使用的显示屏幕也是一个坐标系，该坐标系以左上角为原点，向左和向下分别是 x 轴和 y 轴。蟒蛇程序代码 turtle. setup（650，350，300，300）启动一个 650 像素宽、350 像素高的窗口，并以显示屏幕左上角为原点，向左 300 像素、向下 300 像素。

②turtle 中的 turtle. pensize() 函数表示小乌龟运动轨迹的宽度。它包含一个输入参数，

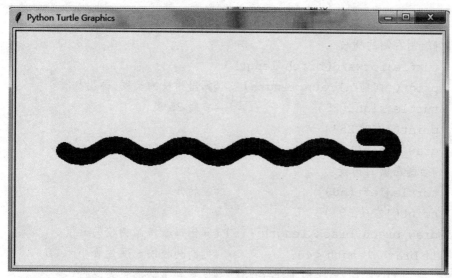

扫码查看彩图

图 10 – 10　Python 蟒蛇绘制的输出效果

这里把它设为 25 像素。

③turtle 中的 turtle. pencolor( ) 函数表示小乌龟运动轨迹的颜色。它包含一个输入参数，这里把它设为紫色 purple。turtle 采用 RGB 方式来定义颜色，如果希望获得绿色的小蛇，则输入 turtle. pencolor("#3B9909")。

④turtle 中的 turtle. seth(angle) 函数表示小乌龟启动时运动的方向。它包含一个输入参数，是角度值。其中，0 表示向东，90°向北，180°向西，270°向南；负值表示相反方向。程序中，让小乌龟向 –40°启动爬行，即向东南方向40°。

⑤turtle. circle( ) 函数让小乌龟沿着一个圆形爬行。rad 描述圆形轨迹半径的位置，这个半径在小乌龟运行的左侧 rad 远位置处，如果 rad 为负值，则半径在小乌龟运行的右侧；参数 angle 表示小乌龟沿着圆形爬行的弧度值。

⑥turtle. fd( ) 函数也可以写成 turtle. forward( )，表示乌龟向前直线爬行移动，它有一个表示爬行距离的参数。

4. 绘制树

【例 10. 10】递归绘制一棵树。

解析：使用递归函数绘制分形树，末梢树枝的颜色与前面不同。分形几何学的基本思想：客观事物具有自相似性的层次结构，局部和整体在形态、功能、信息、时间、空间等方面具有统计意义上的相似性，称为自相似性。自相似性是指局部是整体成比例缩小的性质。

```
import turtle                          #导入 turtle 库
def draw_brach(brach_length):          #定义画树枝的函数
    if brach_length >5:                #判断树枝的长度是否大于 5
        if brach_length <40:           #判断树枝的长度是否小于 40
            turtle.color('green')      #设置画笔的颜色为绿色
        else:
```

```
                    turtle. color('red')          #设置画笔的颜色为红色
            #绘制右侧的树枝
            turtle. forward(brach_length)
            print('向前',brach_length)           #算出树枝的长度,画出树枝
            turtle. right(25)                      #右转25度
            print('右转25')
            draw_brach(brach_length-15)          #算出每段待画树枝的长度
            #绘制左侧的树枝
            turtle. left(50)                       #左转50度
            print('左转50')
            draw_brach(brach_length-15)          #算出每段待画树枝的长度
            if brach_length<40:                    #判断树枝的长度是否小于40
                turtle. color('green')            #设置画笔的颜色为绿色
            else:
                turtle. color('red')              #设置画笔的颜色为红色
            #返回之前的树枝
            turtle. right(25)                      #右转25度
            print('右转25')
            turtle. backward(brach_length)        #退回去画的是以前的长度
            print('返回',brach_length)            #画笔返回
    def main():                                    #定义main主函数
        turtle. left(90)                           #左转90度,画树干
        turtle. penup()                            #抬笔
        turtle. backward(150)                      #画笔返回初始位置
        turtle. pendown()                          #落笔
        turtle. color('red')                       #设置画笔的颜色为红色
        draw_brach(110)                            #树干初始值为110
        turtle. exitonclick()
    if __name__=='__main__':
        main()
```

运行上述代码,该程序的输出效果如图10-11所示。树干初始值为110,每次绘制完树枝后,画笔右转25度;绘制下一段树枝时,长度减少15;重复6次操作,直到终止。终止条件:树干长度小于5,此时为顶端树枝。达到终止条件后,画笔左转50度,以当前长度减少15,绘制树枝,右转25度,回到原方向,退回上一个节点,直到操作完为止。

5. 绘制函数曲线

【例10.11】 使用turtle绘制函数 $y=9-x^2$ 曲线的一部分。

解析:先确定窗口的大小和x值的范围,然后根据函数计算对应的y值,使用线段依次连接多个点。若这些点之间的距离足够小,则可以形成光滑的曲线。

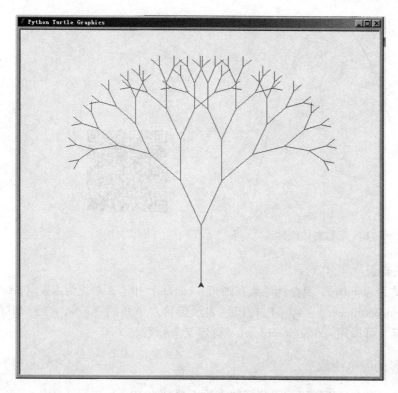

图 10 - 11 Python 绘制树的输出效果

扫码查看彩图

```
from turtle import*            #导入 turtle 库
setup(width = 700,height = 900)   #设置窗口大小
setworldcoordinates( -4, -1,4,10)  #自定义坐标系统,并切换到 world 模式
width(3)
hideturtle()                 #隐藏钢笔形状
speed(6)                     #设置钢笔运动速度,速度为[0,10]的
                             整数
Turtle(). screen. delay(0)     #取消屏幕延迟
color(1,0,0)                 #设置钢笔为红色
up()                         #抬起钢笔
goto( -3, -0)                #移动钢笔指定的位置
down()                       #落下钢笔,开始绘图
for x in range( -300,301):    #x 值的范围
    x = x/100
    y = (9 - x**2)           #曲线计算公式
    goto(x,y)                #依次连接多个点
up()                         #抬起钢笔,绘制结束
mainloop()                   #运行程序,启动消息主循环
```

运行上述代码,该程序的输出效果如图 10 - 12 所示。

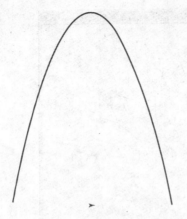

图 10 – 12 函数曲线绘制结果

扫码查看彩图

程序代码中的相关知识：

turtle 中默认的模式为 standard，其坐标原点在画布（canvas）中心，单位为像素（pixel）。第三行代码 setworldcoordinates（ – 4， – 1,4,10）表示屏幕左下角的（ – 4， – 1）和屏幕右上角的（4,10）坐标。可以用 setworldcoordinates 自定义坐标系。

10.1.3 关于更多的海龟函数

为了读者学习方便，将小海龟常用的一些函数方法汇总到表 10 – 1。

表 10 – 1 小海龟的常用功能函数

命令	说明
turtle. forward(distance)	向当前画笔方向移动 distance 像素长度
turtle. backward(distance)	向当前画笔相反方向移动 distance 像素长度
turtle. right(degree)	顺时针移动 degree 角度
turtle. left(degree)	逆时针移动 degree 角度
turtle. pendown( )	移动时绘制图形，缺省时也为绘制图形
turtle. goto(x,y)	将画笔移动到坐标（x,y）的位置
turtle. penup( )	提起笔移动，不绘制图形，用于另起一个地方绘制
turtle. circle( )	画圆，半径为正（负），表示圆心在画笔的左边（右边）画圆
setx( )	将当前 x 轴移动到指定位置
sety( )	将当前 y 轴移动到指定位置
setheading(angle)	设置当前朝向为 angle 角度
home( )	设置当前画笔位置为原点，朝向东
dot(r)	绘制一个指定直径和颜色的圆点
turtle. fillcolor(colorstring)	绘制图形的填充颜色
turtle. color(color1 ,color2)	同时设置 pencolor = color1 ，fillcolor = color2

续表

命令	说明
turtle. filling( )	返回当前是否在填充状态
turtle. begin_fill( )	准备开始填充图形
turtle. end_fill( )	填充完成
turtle. hideturtle( )	隐藏画笔的 turtle 形状
turtle. showturtle( )	显示画笔的 turtle 形状
turtle. mainloop( ) 或 turtle. done( )	启动事件循环 – 调用 Tkinter 的 mainloop 函数。必须是乌龟图形程序中的最后一个语句
turtle. mode(mode = None)	设置乌龟模式（"standard" "logo" 或 "world"）并执行重置。如果没有给出模式，则返回当前模式
turtle. delay(delay = None)	设置或返回以毫秒为单位的绘图延迟
turtle. begin_poly( )	开始记录多边形的顶点。当前的乌龟位置是多边形的第一个顶点
turtle. end_poly( )	停止记录多边形的顶点。当前的乌龟位置是多边形的最后一个顶点，将与第一个顶点相连

表 10 – 1 给出了小海龟常用的一些函数方法，如果读者遇到陌生的函数，可以打开官方文档，查看更多的函数绘制图形。

10. 2　随机模块 random

随机函数库（random 库）（表 10 – 2）是 Python 自带的用于产生并运用随机数的标准库，它的用法极为广泛。Python 标准库中的 random 函数可以生成随机浮点数、整数、字符串，甚至帮助随机选择列表序列中的一个元素、打乱一组数据等。

表 10 – 2　random 库主要函数

函数名	说明	用法
random( )	生成一个 0 ~ 1 之间的随机浮点数，范围 0≤n < 1. 0	random. random( )
uniform(a,b)	返回 a,b 之间的随机浮点数，范围 [a,b] 或 [a,b)，取决于四舍五入，a 不一定要比 b 小	random. uniform(1,5)
randint(a,b)	返回 a,b 之间的整数，范围 [a,b]。注意：传入参数必须是整数，a 一定要比 b 小	random. randint(0,100)
randrang ([start],stop[,step])	类似于 range 函数，返回区间内的整数，可以设置 step	random. randrang(1,10,2)
choice(seq)	从序列 seq 中随机读取一个元素	random. choice([1,2,3,4,5])

函数名	说明	用法
choices(seq,k)	从序列 seq 中随机读取 k 个元素，k 默认为 1	random. choices ([1,2,3,4,5],k=3)
shuffle(x)	将列表中的元素打乱，俗称为洗牌。会修改原有序列	random. shuffle([1,2,3,4,5])
sample(seq,k)	从指定序列中随机获取 k 个元素作为一个片段返回，sample 函数不会修改原有序列	random. sample ([1,2,3,4,5],2)

random 库主要函数介绍：

①random. random() 函数是这个模块中最常用的方法，它会生成一个随机的浮点数，范围是 0.0 ~ 1.0。

②random. uniform() 正好弥补了上面函数的不足，它可以设定浮点数的范围，一个是上限，一个是下限。

③random. randint() 随机生一个整数 int 类型。可以指定这个整数的范围，同样有上限和下限值。

④random. choice() 可以从任何序列，比如 list 列表中，选取一个随机的元素返回，可以用于字符串、列表、元组等。

⑤random. shuffle()，如果想将一个序列中的元素随机打乱，可以用这个函数方法。

⑥random. sample() 可以从指定的序列中随机截取指定长度的片断，不做原地修改。

10. 2. 1　Python random 随机数的使用

1. 随机整数

【例 10. 12】用 randint 和 randrange 输出随机函数。

解析：用 randint 随机输出 0 ~ 100 之间的整数，用 randrange 随机输出 0 ~ 50 区间内的整数。

```
import random                    #导入 random 库
a = random. randint(0,100)       #在包含 100 在内的范围内随机取整数
b = random. randrange(1,50,2)    #在不包含 50 在内的范围内随机取整数
print(a)                         #随机输出 0 ~ 100 之间的整数
print(b)                         #随机输出 0 ~ 50 区间内的整数
```

运行结果如图 10 – 13 所示。

```
=============== RESTART: C:/Users/Administrator/Desktop/11.py ===============
21
32
>>>
=============== RESTART: C:/Users/Administrator/Desktop/11.py ===============
36
42
```

图 10 – 13　运行结果

2. 随机字符或字符串

【例10.13】 随机抽出列表中的元素。从序列中随机读取 1 个元素、4 个元素。

解析：随机参数包括数字、大小字母及字符串，可以从列表或序列中抽取元素。

```python
import random                                          #导入 random 库
lst =[1,2,'a','aaa','大家好','2020','开心就好']          #列表
a = random. sample(lst,3)
#第一个参数为列表,第二个参数为需要随机抽取元素的数量
print("随机抽出列表中的 3 个元素:",a)
b = random. choices('abcdefghijklmnopqrstuvwxyz! @ # $ % ^&* ',k = 4)
                                                       #随机字符
print("随机输出的 4 个字符:",b)
c = random. choice(['one','two','three','four'])        #随机字符串
print("随机输出 1 个字符串:",c)
```

多运行几次随机字符或字符串程序代码，观察输出结果。运行两次代码的结果如图 10 – 14 所示。每次运行后抽取的元素都不同。

```
====================== RESTART: D:/python/随机字符或字符串.py ==================
======
随机抽出列表中的3个元素: ['2020', 1, '开心就好']
随机输出的4个字符: ['#', 'x', 'v', 'e']
随机输出1个字符串: one
>>>
====================== RESTART: D:/python/随机字符或字符串.py ==================
随机抽出列表中的3个元素: ['开心就好', '大家好', 1]
随机输出的4个字符: ['h', 'a', 'i', 'c']
随机输出1个字符串: four
```

图 10 –14   运行两次代码结果

3. 洗牌

【例10.14】 对文件中的数据进行随机排序。

解析：文件中的内容也可以写成很多行，代码字符串分割时改动一下即可。

```python
import random                           #导入 random 库
f = open(r'D:\python \123. txt','r')     #打开文件
data = f. read()                         #读取文件信息,赋予一个变量
f. close()                               #关闭文件
print('数据:',data)
#输出文件 txt 文本中的数据,并以','隔开
print('\n')                              #换行
s = data. split(',')
#data 是一个字符串,以','分隔成一个列表
```

```
random. shuffle(s)              #随机排序,重新洗牌
print(s)                        #输出运行结果
```

第 7 行代码分割 split(',')，以 str 为分隔符（分割后丢失），将字符串分割为多个字符串，以 ',' 分隔成一个列表。多运行几次程序试试看，每次随机排序后，结果不一样。运行三次代码的结果如图 10－15 所示。

```
========================= RESTART: D:/python/洗牌.py =========================
数据： A,B,C,D,E,F,G,H,1234,5678,hello,world

['hello', 'E', 'C', 'D', 'F', '1234', ' A', 'H', '5678', 'G', 'B', 'world']
>>>
========================= RESTART: D:/python/洗牌.py =========================
数据： A,B,C,D,E,F,G,H,1234,5678,hello,world

['F', 'D', 'C', 'world', 'B', '5678', '1234', 'G', 'E', ' A', 'hello', 'H']
>>>
========================= RESTART: D:/python/洗牌.py =========================
数据： A,B,C,D,E,F,G,H,1234,5678,hello,world

['G', '1234', '5678', 'H', 'hello', 'B', 'E', 'C', 'D', 'F', 'world', ' A']
```

图 10－15　运行三次代码的结果

4. 发红包

【例 10.15】利用 random 实现简单的随机红包发放。

解析：要实现像微信红包那种肯定要复杂得多，会涉及算法。这里只是利用 random 库做一个简单发红包的例子。

```
import random                       #导入 random 库
money =100                          #输入红包钱数
remains =0
i =0
while money >=0:                    #当 money 有剩余时
    i =i +1                         #人数加 1
    a =random. randint(1,15)        #产生 1～15 的一个整数型随机数红包钱数
    money =money - a                #计算剩余的 money
    if money >=0:                   #判断 money 是否有剩余
        print("第" +str(i) +"个人,收到" +str(a) +"元," +"剩余" +str
(money) +"元")
        remains =money
    else:
        break
if remains >0:
```

```
        print("第" + str(i) + "个人,收到" + str(remains) + "元," + "剩余 0
元")
```

在 Python 中, random. randint(a,b) 用于生成一个指定范围内的整数。其中参数 a 是下限, 参数 b 是上限, 生成的随机数 n: a≤n≤b。本程序第七行代码中, a = random. randint (1,15), 下限是 1, 上限是 15, 产生 1 ~ 15 的一个整数型随机数红包钱数, 直到 100 元红包全部发完。运行结果如图 10 - 16 所示。多运行几次试试, 结果会不一样。

```
''' 
==================== RESTART: D:/python/发红包.py ====================
第1个人,收到13元,剩余87元
第2个人,收到7元,剩余80元
第3个人,收到11元,剩余69元
第4个人,收到1元,剩余68元
第5个人,收到15元,剩余53元
第6个人,收到8元,剩余45元
第7个人,收到2元,剩余43元
第8个人,收到5元,剩余38元
第9个人,收到13元,剩余25元
第10个人,收到1元,剩余24元
第11个人,收到9元,剩余15元
第12个人,收到6元,剩余9元
第13个人,收到2元,剩余7元
第14个人,收到7元,剩余0元
```

图 10 - 16 运行结果

5. 随机验证码

【例 10.16】string 和 random 组合使用, 生成随机验证码。

```
import random                              #导入 random 库
import string                              #导入 string 库
s = string. digits + string. ascii_letters
#将数字集合和所有大小写字母都赋值给变量 s
v = random. sample(s,4)
#从指定序列中随机获取 4 个元素作为一个片段返回
print(v)
print(''.join(v))                         #输出随机验证码
```

随机验证码多运行几次, 每次运行后的验证码都不同。运行两次代码的结果如图 10 - 17 所示。

```
''' 
==================== RESTART: D:/python/随机验证码.py ====================
==
['1', 'R', 'A', 'L']
1RAL
>>>
==================== RESTART: D:/python/随机验证码.py ====================
==
['G', 'M', 'N', 'V']
GMNV
```

图 10 - 17 运行两次代码的结果

程序代码中的相关知识：

random 库中的大多数函数在使用时都需要先设计一个序列。如果不想每次都去定义，而只是想随机取出一些数字、字母组合，就需要用到另一个标准库 string：import string 用 string 库主要用里面定义的一些字符串常量：

ascii_lowercase	'abcdefghijklmnopqrstuvwxyz' a – z 全小写字母
ascii_uppercase	'ABCDEFGHIJKLMNOPQRSTUVWXYZ' A – Z 全大写字母
ascii_letters	ascii_lowercase + ascii_uppercase 所有大小写字母
digits	'0123456789' 0 – 9 数字集合

本例题第三行代码 s = string. digits + string. ascii_letters，将数字集合和所有大小写字母都赋值给变量 s，然后从指定 s 序列中生成 4 个元素随机验证码。

10.2.2 随机色图形的绘制

【例 10.17】 眼花缭乱的随机色图形。

解析：画正方形，画笔颜色每次随机更改，形成眼花缭乱的随机色图形。

```
import turtle as tt               #导入 turtle 库
from random import randint        #导入 random 库
tt. TurtleScreen. _RUNNING = True
tt. speed(0)                      #速度 0～10 渐进,0 绘图速度为最快
tt. bgcolor("black")              #背景色为黑色
tt. setpos( -25,25)               #改变初始位置,这可以让图案居中
tt. colormode(255)               #颜色模式为真彩色
cnt = 0                          #变量 cnt 的初始值
while cnt <500:
    r = randint(0,255)           #产生 0～255 的一个整数型随机数赋给 r
    g = randint(0,255)           #产生 0～255 的一个整数型随机数赋给 g
    b = randint(0,255)           #产生 0～255 的一个整数型随机数赋给 b
    tt. pencolor(r,g,b)          #画笔颜色每次随机
    tt. forward(50 + cnt)
    tt. right(91)                #顺时针旋转 91 度
    cnt += 1
tt. done( )
```

运行上述代码，该程序的输出效果如图 10 – 18 所示。

turtle 库中采用的是最常用的 RGB 色彩体系。所谓 RGB，就是红、绿、蓝三种颜色混合构成的万物色，RGB 的色彩取值范围为 0 ~ 255 的整数或者 0 ~ 1 的小数。使用 turtle. colormode(mode) 来改变颜色模式。其中 mode 可选参数为 RGB 小数值模式和 RGB 整数值模式，RGB 是从颜色发光的原理来设计的，通俗点说它的颜色混合方式就好像有红、绿、蓝三盏灯，当它们的光相互叠合的时候，色彩相混，而亮度却等于两者亮度的总和。

红、绿、蓝三个颜色通道每种色各分为 256 阶亮度，在 0 时"灯"最弱——是关掉的，而在 255 时"灯"最亮。当三色灰度数值相同时，产生不同灰度值的灰色调，即三色灰度

图 10 – 18 绘制眼花缭乱的随机色图形输出结果

扫码查看彩图

都为 0 时，是最暗的黑色调；三色灰度都为 255 时，是最亮的白色调。通常情况下，RGB 各有 256 级亮度，用数字表示为从 0 到 255。注意：虽然数字最高是 255，但 0 也是数值之一，因此共 256 级。常用颜色 RGB 表如图 10 – 19 所示。

名称	颜色	色光			色料				色相			程式码	MS-DOS
		R	G	B	C	M	Y	K	角度	饱和	明度		
红色		255	0	0	0	255	255	0	0°	100%	100%	#FF0000	12
黄色		255	255	0	0	0	255	0	60°	100%	100%	#FFFF00	14
绿色		0	255	0	255	0	255	0	120°	100%	100%	#00FF00	10
青色		0	255	255	255	0	0	0	180°	100%	100%	#00FFFF	11
蓝色		0	0	255	255	255	0	0	240°	100%	100%	#0000FF	9
品红色		255	0	255	0	255	0	0	300°	100%	100%	#FF00FF	13
栗色		128	0	0	0	255	255	127	0°	100%	50%	#800000	4
橄榄色		128	128	0	0	0	255	127	60°	100%	50%	#808000	6
深绿色		0	128	0	255	0	255	127	120°	100%	50%	#008000	2
蓝绿色		0	128	128	255	0	0	127	180°	100%	50%	#008080	3
深蓝色		0	0	128	255	255	0	127	240°	100%	50%	#000080	1
紫色		128	0	128	0	255	0	127	300°	100%	50%	#800080	5
白色		255	255	255	0	0	0	0	0°	0%	100%	#FFFFFF	15
银色		192	192	192	0	0	0	63	0°	0%	75%	#C0C0C0	7
灰色		128	128	128	0	0	0	127	0°	0%	50%	#808080	8
黑色		0	0	0	0	0	0	255	0°	0%	0%	#000000	0

图 10 – 19 常用颜色 RGB 表

扫码查看彩图

10.3 日期时间模块 datetime

在 Python 中，datetime 是对日期数据进行处理的主要模块。无论何时需要用 Python 处理日期数据时，datetime 都能提供所需方法。

10.3.1 datetime 模块介绍

datetime 模块重新封装了 time 模块，提供了更多处理日期和时间的接口。datetime 模块中包含的类见表 10 - 3。

表 10 - 3 datetime 模块中的类

类名	功能说明
date	日期对象，常用的属性有 year（年）、month（月）、day（日）
time	时间对象，常用的属性有 hour（小时）、minute（分钟）、second（秒）、microsecond（毫秒）
datetime	日期时间对象
imedelta	表示时间间隔，即两个时间点之间的长度
datetime_CAPI	日期时间对象的 C 语言接口
tzinfo	与时区有关的信息

datetime 模块中包含的常量见表 10 - 4。

表 10 - 4 datetime 模块中包含的常量

常量	功能说明	用法	返回值
MAXYEAR	返回能表示的最大年份	datetime. MAXYEAR	9999
MINYEAR	返回能表示的最小年份	datetime. MINYEAR	1

10.3.2 datetime 类

1. datetime. datetime. now( )

作用：返回一个 datetime 类型，表示当前的日期和时间，精确到微秒级。

参数：无。

【例 10.18】使用 datetime 函数输出当前日期和年月日。

解析：datetime 函数输出一个包含当前时区日期和时间的 datetime. datetime 对象，输出顺序为：年、月、日、时、分、秒、微秒。

```
import datetime                      #导入 datetime 库
day = datetime. datetime. now( )     #当前日期和时间
day2 = datetime. date. today( )      #日期和时间
print("当前日期:",day)               #输出当前日期和时间
print("年月日:",day2)                #输出年、月、日
```

调用该函数，执行结果如图 10 - 20 所示。

```
======================= RESTART: D:/python/显示当前日期.py ==================
====
当前日期：2019-12-02 22:34:21.556994
年月日：　2019-12-02
```

图 10 - 20　执行结果

2. datetime. utcnow( )

作用：返回一个 datetime 类型，是当前日期和时间的 UTC 表示，精确到微秒。

参数：无。

【例 10.19】使用 datetime 函数输出对应的 UTC（世界标准时间）。

解析：datetime. utcnow( ) 获得当前日期和时间对应的 UTC（世界标准时间）时间对象，该对象设置为此计算机上的当前日期和时间。

```
from datetime import*            #导入 datetime 库
import time                      #导入 time 库
print('datetime. max:',datetime. max)     #日期的最大值
print('datetime. min:',datetime. min)     #日期的最小值
print('today():',datetime. today())       #输出日期和时间
print('now():',datetime. now())           #输出当前的日期和时间
print('utcnow():',datetime. utcnow())     #输出世界标准时间
```

执行结果如图 10 - 21 所示。

```
======================= RESTART: D:/python/世界标准时间.py ==================
====
datetime.max: 9999-12-31 23:59:59.999999
datetime.min: 0001-01-01 00:00:00
today(): 2019-12-10 20:17:59.762879
now(): 2019-12-10 20:17:59.773879
utcnow(): 2019-12-10 12:17:59.784880
```

图 10 - 21　执行结果

3. datetime. now( )

datetime. utcnow( ) 一样，都返回一个 datetime 类型的对象，也可以直接使用 datetime( ) 构造一个日期和时间对象，使用方法如下：

```
datetime(year,month,day,hour =0,minute =0,second =o,microsecond =0)
```

作用：返回一个 datetime 类型，表示指定的日期和时间，可以精确到微秒。

参数：

year：指定的年份，MINYEAR <= year <= MAXYEAR。

month：指定的月份，1 <= month <= 12。

day：指定的日期，1 <= day <= 月份所对应的日期上限。

hour：指定的小时，0 <= hour < 24。

minute：指定的分钟数，0 <= minute < 60。

second：指定的秒数，0 <= second < 60。

microsecond：指定的微秒数，0 <= microsecond < 1000000。

其中，hour，minute，second，microsecond 参数可以全部或部分省略。

【例 10.20】调用 datetime( ) 函数直接创建一个 datetime 对象，表示 2019 年 12 月 10 日 20 时 44 分 35 秒 5 微秒，执行结果如图 10-22 所示。

```
>>> from datetime import*
>>> someday = datetime(2019,12,10,20,44,35,5)
>>> someday
datetime. datetime(2019,12,10,20,44,35,5)
```
图 10-22　执行结果

10.3.3　绘制数码管显示当前日期

七段数码管（seven-segment indicator）由 7 段数码管拼接而成，每段有亮或不亮两种情况，改进型的七段数码管还包括一个小数点位置，采用 turtle 库并使用函数封装绘制七段数码管，显示当前系统日期和时间。

七段数码管的编号如图 10-23 所示。基本逻辑为画笔从 1 走到 7，每一步画笔落下代表画或者是画笔抬起代表不画，最终形成 1~9 的数字排列。绘制起点在数码管中部左侧，无论每段数码管是否被绘制出来，turtle 画笔都按顺序"画完"7 个数码管。每个 0~9 的数字都有相同的七段数码管样式，因此，可以通过设计函数复用数字的绘制过程。

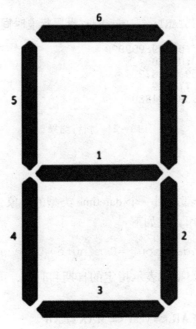
图 10-23　七段数码管的绘制顺序

【例 10.21】绘制数码管显示当前日期。

解析：通过 turtle 库函数绘制七段数码管形式的日期信息。该问题描述如下。①输入：当前日期的数字形式；②处理：根据每个数字绘制七段数码管表示；③输出：绘制当前日期的七段数码管表示。

```
import turtle as t        #导入 turtle 库
import datetime           #导入 datetime 库
def drawGap():            #绘制数码管间隔
    t.penup()             #画笔抬起来
    t.fd(5)               #画笔向前画 5 个单位长度
def drawLine(draw):
#定义函数 drawLine,判断单段数码管这一笔该画还是不画
    drawGap()
    t.pendown() if draw else t.penup()
#如果是 draw(True),那么就画,否则把画笔抬起来
    t.fd(40)                              #画笔向前画 40 个单位长度
    drawGap()                             #绘制数码管间隔
    t.right(90)                           #画笔向右旋转 90 度
def drawDigit(d):                         #根据数字绘制七段数码管
    drawLine(True) if d in [2,3,4,5,6,8,9] else drawLine(False)
    #如果读取数字 d 在[2,3,4,5,6,8,9]中,那么画序号 1
    drawLine(True) if d in [0,1,3,4,5,6,7,8,9] else drawLine(False)
    #如果读取数字 d 在[0,1,3,4,5,6,7,8,9]中,那么画序号 2
    drawLine(True) if d in [0,2,3,5,6,8,9] else drawLine(False)
    #如果读取数字 d 在[0,2,3,5,6,8,9]中,那么画序号 3
    drawLine(True) if d in [0,2,6,8] else drawLine(False)
    #如果读取数字 d 在 [0,2,6,8]中,那么画序号 4
    t.left(90)
    #画单数码管向左转动 90 度,画笔方向调整为向上方向
    drawLine(True) if d in [0,4,5,6,8,9] else drawLine(False)
    #如果读取数字 d 在 [0,4,5,6,8,9]中,那么画序号 5
    drawLine(True) if d in [0,2,3,5,6,7,8,9] else drawLine(False)
    #如果读取数字 d 在 [0,2,3,5,6,7,8,9]中,那么画序号 6
    drawLine(True) if d in [0,1,2,3,4,7,8,9] else drawLine(False)
    #如果读取数字 d 在[0,1,2,3,4,7,8,9] 中,那么画序号 7
    t.left(180)           #将画笔方向向左转动 180 度,画笔方向调整为向右方向
    t.penup()             #将画笔向上抬起
    t.fd(20)              #画笔向前移动 20 个单位长度
def drawDate(date):       #定义函数 drawDate(),获取要输出的数字当前时间
    t.pencolor("red")     #将画笔的颜色设置为红色
    for i in date:        #对于参数 data 中的每一位符号
```

```
            if i == ' - ':                      #如果符号为" - "
                  t. write('年',font = ("Arial",18,"normal"))
#画笔写"年",格式"Arial",18 号
                  t. pencolor("green")
                  t. fd(40)
            elif i == ' = ':
                  t. write('月',font = ("Arial",18,"normal"))
#画笔写"月",格式"Arial",18 号
                  t. pencolor("blue")
                  t. fd(40)
            elif i == ' + ':
                  t. write('日',font = ("Arial",18,"normal"))
#画笔写"日",格式"Arial",18 号
            else:                                #如果是其他的话
                  drawDigit(eval(i))   #通过 eval()函数将数字变为整数
def main():                                #创建主函数
     t. setup(800,350,200,200)
     #主函数的画框设置为宽度800,高度350,开始坐标为200,200
     t. penup()                            #抬起画笔
     t. fd( -350)                          #将画笔方向向后移动 350 个单位长度
     t. pensize(5)                         #设置画笔粗细为 5 个单位
     drawDate(datetime. datetime. now(). strftime('%Y -%m =%d +'))
     #在调用的时间年后面加符号" -",月后面加符号" =",日后面加符号" +"
     t. hideturtle()                       #隐藏箭头
     t. exitonclick()
main()
```

根据输入数字判断是否要绘制七段数码管最中间的横线，当需要绘制时，调用绘制函数 drawLine()，参数赋值 True；当不需要绘制时，参数赋值 False。相据 0 ~ 9 数字结构，0、1、2 这些数字需要绘制，其他不需要绘制。为了使代码模块化更好，实例代码中定义了 draw-Date() 函数和 main() 函数。其中，drawDate() 函数将更长数字分解为单个数字，进一步调用 drawDigit() 分别绘制每个数字。main() 函数将启动窗体大小、设置画笔宽度、设置系统时间等功能封装在一起，但 main() 函数并不体现单一功能，这种封装仅从提高代码可读性角度考虑。

实例代码给出了图 10 - 24 的绘制风格，使用函数能大量复用代码，避免相同功能重复编写。

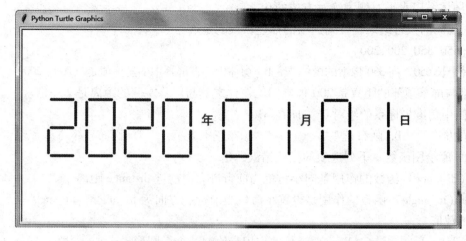

图 10 - 24　实例代码显示当前日期的运行效果

扫码查看彩图

 本章小结

通过本章的学习，掌握了使用 Python 自带的 turtle 函数库、datetime 库、随机函数库 random 的相关知识。

turtle 函数库是 Python 内置的一个图形绘制功能非常强大的函数库，可以使用一系列的函数来设置小海龟的运行参数，并控制小海龟在屏幕上的各种运动，通过这些复杂而有趣的运动，小海龟会在屏幕上留下各种颜色的图形。本章介绍了从直线和圆开始，再到更多更复杂组合图形的绘制方法。

随机函数库 random 是 Python 自带的用于产生并运用随机数的标准库，可以派发红包、产生随机验证码和眼花缭乱的随机色图形。datetime 库可以显示当前时区日期、时间及国际标准时间，也可以绘制数码管显示当前日期。

习　题　10

一、单选题

1. 下列选项不能正确引用 turtle 库进而使用 setup( ) 函数的是（　　　）。

A. from turtle import ∗

B. import turtle

C. import turtle as t

D. import setup from turtle

2. turtle 库是一个（　　　）库。

A. 绘图　　　　　　B. 数值计算　　　　　C. 爬虫　　　　　　D. 时间

3. 关于 turtle 库，下列选项的描述错误的是（　　　）。

A. turtle 库是一个直观有趣的图形绘制函数库

B. turtle 库最早成功应用于 LOGO 编程语言

C. turtle 坐标系的原点默认在屏幕左上角

D. turtle 绘图体系以水平右侧为绝对方位的 0°

4. 关于下面代码的执行结果，下列选项的描述错误的是（　　）。

turtle. setup(650,350,200,200)

A. 建立了一个长 650、高 350 像素的窗体　　　B. 窗体中心在屏幕中的坐标值是（200，200）

C. 窗体顶部与屏幕顶部的距离是 200 像素　　D. 窗体左侧与屏幕左侧的距离是 200 像素

5. turtle 绘图中角度坐标系的绝对 0°方向在（　　）。

A. 画布正右方　　　　　B. 画布正左方　　　　　C. 画布正上方　　　　　D. 画布正下方

6. 关于 turtle 库绘图函数，下列选项的描述错误的是（　　）。

A. turtle. fd(distance) 函数的作用是向小海龟当前行进方向前进 distance 距离

B. turtle. seth(to_angle) 函数的作用是设置小海龟当前行进方向为 to_angle，to_angle 是角度的整数值

C. turtle. circle(radius,extent = None) 函数的作用是绘制一个椭圆形，extent 参数可选

D. turtle. pensize(size) 函数的作用是改变画笔的宽度为 size 像素

7. 下列选项所列保留字能够实现对一组语句的循环执行的是（　　）。

A. for 和 in　　　　　B. if 和 else　　　　　C. range()　　　　　D. while 和 def

8. 下列选项能够使用 turtle 库绘制一个半圆形的是（　　）。

A. turtle. fd(100)　　　　　　　　　　B. turtle. circle(100，-180)

C. turtle. circle(100，90)　　　　　　　D. turtle. circle(100)

9. turtle 库中向画笔方移动 x 像素长度的语句是（　　）。

A. turtle. forward(x)　　　　　　　　　B. turtle. backward（x）

C. turtle. right(x)　　　　　　　　　　D. turtle. left(x)

10. 关于 turtle 库的画笔控制函数，下列选项的描述错误的是（　　）。

A. turtle. penup() 的别名有 turtle. pu()，turtle. up()

B. turtle. pendown() 的作用是落下画笔，并移动画笔绘制一个点

C. turtle. width() 和 turtle. pensize() 都可以用来设置画笔尺寸

D. turtle. colormode() 的作用是设置画笔 RGB 颜色的表示模式

11. 通过使用 turtle. speed() 为小海龟设置爬行的速度，当跳过小海龟的移动过程，直接得到程序绘制的图形时，speed() 参数的值是（　　）。

A. 0　　　　　　　　B. 1　　　　　　　　C. 5　　　　　　　　D. 10

12. 下列函数是用来控制画笔的尺寸的是（　　）。

A. penup()　　　　　B. pencolor()　　　　　C. pensize()　　　　　D. pendown()

13. 当想为一个闭合的圆填充红色时，会使用语句 turtle. begin_fill() 和 turtle. end_fill()，但当忘记使用 turtle. end_fill() 时，会出现的现象是（　　）。

A. 圆内无红色填充　　　　　　　　　　B. 一个红色的圆

C. 画布是红色　　　　　　　　　　　　D. 程序出错

14. 如果使用了 goto(0,0) 的函数调用，则执行该语句后，海龟的位置在（　　）。

A. 屏幕中央　　　B. 屏幕左上角　　　C. 屏幕右上角　　　D. 屏幕左下角

15. 如果以 color('#FF0000','#0000FF') 设置小海龟的颜色，那么以下选项正确的是

（　　）。

A. 轮廓颜色是红色，填充颜色是蓝色　　B. 轮廓颜色是蓝色，填充颜色是红色

C. 轮廓颜色是蓝色，填充颜色是绿色　　D. 轮廓颜色是红色，填充颜色是黄色

二、填空题

1. 小海龟在绘图屏幕上的形状默认是一个_____。

2. 当想为一个闭合的形状填充颜色时，会使用语句 turtle. begin_fill（）和 turtle._____。

3. 使用小海龟绘图结束后，通常使用_____进行收尾工作。

三、编程题

1. 小黄人的绘制。利用 turtle 库绘制一个小黄人，效果如图 10－25 所示。

2. 玫瑰花的绘制。利用 turtle 库绘制一朵玫瑰花，效果如图 10－26 所示。

图 10－25　小黄人的
绘制效果　　　　扫码查看彩图　　图 10－26　玫瑰花的
绘制效果　　　　扫码查看彩图

3. 奔驰车 Logo 的绘制。利用 turtle 库绘制奔驰车 LOGO，效果如图 10－27 所示。

4. 奥运五环的绘制。利用 turtle 库绘制奥运五环，效果如图 10－28 所示。

图 10－27　奔驰车
LOGO 的绘制效果　　扫码查看彩图　　图 10－28　奥运五环的
绘制效果　　　　扫码查看彩图

第 **11** 章

数据分析与可视化

学习目标

- 了解 Python 第三方库基本概念。
- 了解数据分析基本概念。
- 了解数据可视化基本概念。
- 掌握 Python 第三方库安装方法。
- 掌握数值分析库 numpy。
- 掌握数据可视化库 matplotlib。

11.1　第三方库的安装

Python 语言内置库和标准库提供了丰富而强大的功能，但总体来说只是基础和通用功能，并不针对具体专业和特定领域。为解决具体专业和特定领域问题，比如矩阵计算、数据挖掘与分析、网络爬虫、机器学习、人工智能和自然语言处理等，Python 社区提供并分享大量第三方库，既增强了 Python 语言生命力，又体现了 Python 语言可扩展性。

第三方库通常不随着 Python 安装包一同发布，用户需要安装完 Python 安装包之后，再安装第三方库。一般来说，使用比较普遍的第三方库安装方式，主要有以下 3 种方法：pip 工具安装、自定义安装和文件安装。

11.1.1　pip 工具安装

pip 工具随着 Python 安装包一同发布，使用 pip 工具管理 Python 第三方库，只需要在联网状态下输入几行命令即可。目前，pip 工具已经成为 Python 管理第三方库的主要方式。

pip 是 Python 内置命令，使用 pip 命令必须在系统命令行下（Windows 中称为命令提示符，即 cmd 命令行）进行。使用 pip – h 命令可以查看 pip 所有命令参数，如图 11 – 1 所示。

```
C:\Users\dyc>pip -h

Usage:
  pip <command> [options]

Commands:
  install              Install packages.
  download             Download packages.
  uninstall            Uninstall packages.
  freeze               Output installed packages in requirements format.
  list                 List installed packages.
  show                 Show information about installed packages.
  check                Verify installed packages have compatible dependencies.
  config               Manage local and global configuration.
  search               Search PyPI for packages.
  wheel                Build wheels from your requirements.
  hash                 Compute hashes of package archives.
  completion           A helper command used for command completion.
  help                 Show help for commands.
```

图 11 – 1　pip – h 命令使用

安装第三方库的命令如下：

```
pip install 第三方库名
```

例如，如果需要安装数值计算库 numpy，在联网的状态下，进入命令提示符环境并执行如图 11 – 2 所示命令，numpy 库将会从网络上自动下载并安装到系统中，成功安装后会出现 "Successfully installed…" 信息。

pip 工具除了支持软件安装（install）外，还具有下载（download）、卸载（uninstall）、列出（list）、显示（show）和查询（search）等功能。pip 工具的主要功能命令见表 11 – 1。

```
C:\Users\dyc>pip install numpy
Collecting numpy
  Downloading https://files.pythonhosted.org/packages/34/40/c6eae19892551ff91bdb15f884fef2d42d6f58da55ab18fa540851b48a32
/numpy-1.17.4-cp37-cp37m-win_amd64.whl (12.7MB)
    100% |████████████████████████████████| 12.7MB 789kB/s
Installing collected packages: numpy
Successfully installed numpy-1.17.4
```

图 11 - 2　pip 工具安装数值计算库 numpy

表 11 - 1　常用 pip 命令

pip 命令	说明
pip install 库名	安装的第三方库
pip install - U 库名	更新已安装的第三方库
pip download 库名	下载第三方库，但不安装
pip uninstall 库名	卸载已安装的第三方库
pip show 库名	显示第三方库详细信息
pip search 关键字	查询关键字
pip list	列出当前已经安装的第三方库

可以通过 Python 官网提供的第三方库索引（https://pypi.org）查询和下载 Python 第三方库软件安装包。绝大部分的第三方库都可以通过 Python 自带的 pip 工具进行安装。因此，pip 工具是 Python 中安装第三方库首选的方式。不过由于一些其他原因，比如操作系统、技术、历史和政策等，导致无法使用 pip 工具安装第三方库。这种情况下可以选择自定义安装和文件安装。

11.1.2　自定义安装

自定义安装一般用于 pip 工具无法安装第三方库，但存在第三方库官网网站时，可以按照第三方库主页提示的方法和步骤进行安装。

例如，安装科学计算库 scipy，其官方网站如下所示：

https://www.scipy.org

输入并搜索该第三方库主页，找到科学计算库 scipy，单击进入，在主页上找到"Downloads"，单击进入，其网址如下：

https://www.scipy.org/scipylib/download.html

根据提示的方法和步骤进行安装即可。

11.1.3　文件安装

除了使用 pip 工具和自定义安装外，也可以根据需要，选择和下载第三方库相应的 .whl 文件后，再进行文件安装。.whl 是 Python 第三方库的一种打包格式，相当于 Python 第三方库的压缩文件。

例如，利用数值计算库 numpy 的 .whl 文件安装数值计算库 numpy。

其中，数值计算库 numpy 的 .whl 文件可以通过 pip 工具子命令 download 下载，也可以通过在 Python 第三方库索引主页中搜索数值计算库 numpy，找到相应的版本，如图 11 - 3 所示。

numpy-1.17.4-cp37-cp37m-macosx_10_9_x86_64.whl (15.1 MB)	Wheel	cp37	Nov 11, 2019	View
numpy-1.17.4-cp37-cp37m-manylinux1_i686.whl (17.3 MB)	Wheel	cp37	Nov 11, 2019	View
numpy-1.17.4-cp37-cp37m-manylinux1_x86_64.whl (20.0 MB)	Wheel	cp37	Nov 11, 2019	View
numpy-1.17.4-cp37-cp37m-win32.whl (10.7 MB)	Wheel	cp37	Nov 11, 2019	View
numpy-1.17.4-cp37-cp37m-win_amd64.whl (12.7 MB)	Wheel	cp37	Nov 11, 2019	View

图 11 −3　Python 第三方库索引主页

注意操作系统和位数的区别，选择相应的 .whl 文件下载，保存到 D:\Program Files\Python37 文件夹下，在 cmd 命令行中输入 D:\Program Files\Python37，进入相应目录后，再使用 pip 工具进行安装，如图 11 −4 所示。

```
C:\Users\dyc>D:

D:\>cd Program Files

D:\Program Files>cd Python37

D:\Program Files\Python37>pip install numpy-1.17.4-cp37-cp37m-win_amd64.whl
Processing d:\program files\python37\numpy-1.17.4-cp37-cp37m-win_amd64.whl
Installing collected packages: numpy
Successfully installed numpy-1.17.4
```

图 11 −4　文件安装第三方库

Python 第三方库种类丰富且功能强大，但需要安装方可使用。在安装第三方库的 3 种方法中，首选的是用 Python 自带的 pip 工具安装。如果 pip 工具安装不了，可以选择自定义安装和文件安装这两种辅助方法。

11.2　数值计算库 numpy

数值计算库 numpy 是 Python 进行数据处理的第三方库，从实际使用情况来看，numpy 已经成为数值计算的标准库。此外，该库不仅为其他数据处理第三方库提供一些底层支持，而且也是学习数据分析、科学计算、机器学习和人工智能等专业的基础。

数值计算库 numpy 的主要特点包括：运行速度非常快，支持多维数组操作，丰富的处理方法和函数：算术、逻辑、函数、排序、线性代数、矩阵运算、统计运算和随机模拟等，整合 C、C++ 和 Fortran 等高级程序语言，提供简单易用的 C 语言 API，使不同程序语言之间可以传递和使用数据。

数值计算库 numpy 用于存储和处理大型矩阵，主要处理对象是多维数组。数组中所有元素都必须具有相同的数据类型（通常是数字），可以使用整数作为多维数组的索引。

数值计算库 numpy 中的数组类，记作 array（或 ndarray），引用方式为 numpy. array（或 numpy. ndarray）。按照使用习惯，一般使用以下方式引用 numpy 库：

```
import numpy as np
```

该命令的作用是导入 numpy 库并起别名 np，即在后续的程序中，np 将代替 numpy。

11.2.1　数组创建

numpy 库创建数组有多种函数，其中使用普遍的函数见表 11 - 2。

表 11 - 2　numpy 库常用创建数组函数

函数	说明
np. array(object,dtype)	使用列表或元组创建数组，dtype 是数据类型
np. arange(x,y,d)	创建起始为 x、结束为 y - 1、步长为 d 等差数组
np. linspace(x,y,n)	创建起始为 x、结束为 y，等分成 n 个等差数组
np. zeros((m,n))	创建 m 行 n 列全 0 数组
np. ones((m,n))	创建 m 行 n 列全 1 数组
np. empty((m,n))	创建 m 行 n 列随机数组
np. random. rand(m,n)	创建 m 行 n 列 0 ~ 1 之间的随机数组
np. eye(m,m)	创建 m 行 m 列对角线元素为 1，其余元素为 0 的数组

使用不同函数创建数组，代码如下。

【例 11. 1】使用 numpy 库的不同函数创建数组。

```
import numpy as np
x0 = np. array((0,1,2,3,4,5,6))          #使用元组创建一维数组
x1 = np. array([0,1,2,3,4,5,6],dtype = np. float32)
                                         #使用列表创建一维浮点型数组
x2 = np. arange(0,10,2)                   #创建 0 ~ 9,步长为 2 的等差数组
x3 = np. linspace(0,10,11)                #创建 0 ~ 10,分成 11 份的等差数组
x4 = np. zeros((3,4))                     #创建 3 行 4 列全 0 二维数组
x5 = np. ones((2,3))                      #创建 2 行 3 列全 1 二维数组
x6 = np. empty((3,2))                     #创建 3 行 2 列随机二维数组
x7 = np. random. rand(4,5)                #创建 4 行 5 列 0 ~ 1 之间随机数组
x8 = np. eye(3)                           #创建 3 行 3 列对角线为 1,其余为 0 数组

print("x0 = ",x0)
print("x1 = ",x1)
print("x2 = ",x2)
print("x3 = ",x3)
```

```
print("x4 = ",x4)
print("x5 = ",x5)
print("x6 = ",x6)
print("x7 = ",x7)
print("x8 = ",x8)
```

以上代码运行结果如图 11 - 5 所示。

```
x0 = [0 1 2 3 4 5 6]
x1 = [0. 1. 2. 3. 4. 5. 6.]
x2 = [0 2 4 6 8]
x3 = [ 0.  1.  2.  3.  4.  5.  6.  7.  8.  9. 10.]
x4 = [[0. 0. 0. 0.]
 [0. 0. 0. 0.]
 [0. 0. 0. 0.]]
x5 = [[1. 1. 1.]
 [1. 1. 1.]]
x6 = [[6.23042070e-307 4.67296746e-307]
 [1.69121096e-306 8.45610231e-307]
 [1.69119330e-306 1.42419802e-306]]
x7 = [[0.18993947 0.51539227 0.56557616 0.82700006 0.96227532]
 [0.00107048 0.36003347 0.28673667 0.49010257 0.75124351]
 [0.14684598 0.07361514 0.77651914 0.15409102 0.5040329 ]
 [0.28795051 0.48654427 0.44045577 0.94316305 0.51575837]]
x8 = [[1. 0. 0.]
 [0. 1. 0.]
 [0. 0. 1.]]
```

图 11 - 5 运行结果

11.2.2 数组属性

创建一个数组后,可以查看该数组的属性。使用 numpy 库创建的数组具有的常用属性见表 11 - 3。

表 11 - 3 数组常用属性

属性	说明
ndarray. dtype	数组元素类型
ndarray. ndim	数组轴个数或维度(也称作秩)
ndarray. shape	数组维度
ndarray. size	数组元素总个数
ndarray. real	数组元素实部
ndarray. imag	数组元素虚部
ndarray. itemsize	数组中每个元素的大小,以字节为单位

创建数组后,查看数组不同属性,代码如下。

【例 11.2】使用 numpy 查看数组属性。

```
import numpy as np
```

```
x1 = np. linspace(0,10,11)                                    #创建一维数组,并查看属性
print("x1 =",x1)
print("x1. dtype =",x1. dtype)
print("x1. ndim =",x1. ndim)
print("x1. shape =",x1. shape)
print("x1. size =",x1. size)

x2 = np. array([[1,1,1,1],[2,2,2,2],[3,3,3,3]])   #创建二维数组,并查看属性
print("x2 =",x2)
print("x2. dtype =",x2. dtype)
print("x2. ndim =",x2. ndim)
print("x2. shape =",x2. shape)
print("x2. size =",x2. size)
```

以上代码运行结果如图 11 – 6 所示。

```
x1 = [ 0.  1.  2.  3.  4.  5.  6.  7.  8.  9. 10.]
x1.dtype = float64
x1.ndim = 1
x1.shape= (11,)
x1.size= 11
x2 = [[1 1 1 1]
 [2 2 2 2]
 [3 3 3 3]]
x2.dtype = int32
x2.ndim = 2
x2.shape= (3, 4)
x2.size= 12
```

图 11 – 6　运行结果

11. 2. 3　数组形状

数组除了具有相应属性外，numpy 库还提供了一些方法，可以改变数组形状，比如修改数组形状、翻转数组等。numpy 库中改变数组形状的方法见表 11 – 4。

表 11 – 4　改变数组形状的方法

方法	说明
ndarray. reshape(m,n)	返回 m 行 n 列的数组，但不改变原数组
ndarray. resize(m,n)	返回 m 行 n 列的数组，且直接修改原数组
ndarray. flatten( )	返回一个一维数组的拷贝
ndarray. ravel( )	返回一个一维数组的视图
ndarray. transpose( )	交换数组的维度
ndarray. T	返回一个转置数组

创建数组后，使用不同的方法改变数组形态，代码如下。

【例 11. 3】使用 numpy 改变数组形态。

```
import numpy as np
x = np. linspace(1,12,12)
y = np. array([[11,12,13],[21,22,23],[31,32,33]])


x1 = x. reshape(3,4)        #一维数组 x 改变成 3 行 4 列二维数组
x2 = x. reshape(2, -1)      #一维数组 x 改变成二维数组，-1 表示自动确定列数
x3 = x. reshape(2,3,2)      #一维数组 x 改变成三维数组


y1 = y. flatten()           #返回一个一维数组的拷贝
y2 = y. ravel()             #返回一个一维数组的视图
y3 = y. transpose()         #交换数组维度，即转置
y4 = y. T                   #数组转置


print("x =",x)
print("y =",y)
print("x1 =",x1)
print("x2 =",x2)
print("x3 =",x3)


print("y1 =",y1)
print("y2 =",y2)
print("y3 =",y3)
print("y4 =",y4)
```

以上代码运行结果如图 11 - 7 所示。

```
x = [ 1.  2.  3.  4.  5.  6.  7.  8.  9. 10. 11. 12.]
y = [[11 12 13]
 [21 22 23]
 [31 32 33]]
x1 = [[ 1.  2.  3.  4.]
 [ 5.  6.  7.  8.]
 [ 9. 10. 11. 12.]]
x2 = [[ 1.  2.  3.  4.  5.  6.]
 [ 7.  8.  9. 10. 11. 12.]]
x3 = [[[ 1.  2.]
  [ 3.  4.]
  [ 5.  6.]]

 [[ 7.  8.]
  [ 9. 10.]
  [11. 12.]]]
y1 = [11 12 13 21 22 23 31 32 33]
y2 = [11 12 13 21 22 23 31 32 33]
y3 = [[11 21 31]
 [12 22 32]
 [13 23 33]]
y4 = [[11 21 31]
 [12 22 32]
 [13 23 33]]
```

图 11 - 7　运行结果

11.2.4 数组索引和切片

可以通过索引或切片方式访问数组元素。数组索引是通过指定下标获得数组某个元素，而数组切片是通过指定下标范围获得数组一组元素（注意：数组索引分正向索引（从左往右）和反向索引（从右往左），正向索引下标从 0 开始递增，反向索引下标从 −1 开始递减）。numpy 库中数组索引和切片方法见表 11 − 5。

表 11 − 5 数组索引和切片方法

方法	说明
x[i]	正向索引第 i + 1 个元素
x[−i]	反向索引第 i 个元素
x[i:j]	正向索引第 i + 1 个到第 j 个元素
x[i:]	正向索引第 i + 1 个到最后一个元素
x[−j: −i]	反向索引第 j 个到第 i + 1 个元素
x[i:j:d]	正向索引第 i + 1 个到第 j 个元素，步长为 d

创建数组后，进行数组索引和切片操作，代码如下。

【例 11.4】使用 numpy 进行数组索引和切片。

```
import numpy as np
x = np. arange(1,11)
y = np. linspace(1,12,12). reshape(3,4)

                                    #一维数组进行索引和切片操作
x1 = x[0]                           #正向索引单个元素
x2 = x[ −1]                         #反向索引单个元素
x3 = x[2:6]                         #正向切片操作
x4 = x[2:]                          #从该索引值到最后项
x5 = x[ −10: −8]                    #反向切片操作
x6 = x[0:11:2]                      #正向切片操作,步长为 2


                                    #二维数组进行索引和切片操作
y1 = y[1:3]                         #行切片操作
y2 = y[1:3,2:4]                     #行、列都进行切片操作
y3 = y[2:3,:]
y4 = y[ :,2:4]
y5 = y[ −3: −1, −4: −1]            #反向行、列切片操作


print("x = ",x)
print("x[0] = ",x1)
print("x[ −1] = ",x2)
```

```
print("x[2:6] = ",x3)
print("x[2:] = ",x4)
print("x[-10:-8] = ",x5)
print("x[0,11,2] = ",x6)

print("y = ",y)
print("y[1:3] = ",y1)
print("y[1:3,2:4] = ",y2)
print("y[2:3,:] = ",y3)
print("y[:,2:4] = ",y4)
print("y[-3:-1,-4:-1] = ",y5)
```

以上代码运行结果如图 11 – 8 所示。

```
x = [ 1  2  3  4  5  6  7  8  9 10]
x[0] = 1
x[-1] = 10
x[2:6] = [3 4 5 6]
x[2:] = [ 3  4  5  6  7  8  9 10]
x[-10:-8] = [1 2]
x[0,11,2] = [1 3 5 7 9]
y = [[ 1.  2.  3.  4.]
 [ 5.  6.  7.  8.]
 [ 9. 10. 11. 12.]]
y[1:3] = [[ 5.  6.  7.  8.]
 [ 9. 10. 11. 12.]]
y[1:3,2:4] = [[ 7.  8.]
 [11. 12.]]
y[2:3,:] = [[ 9. 10. 11. 12.]]
y[:,2:4] = [[ 3.  4.]
 [ 7.  8.]
 [11. 12.]]
y[-3:-1,-4:-1] = [[1. 2. 3.]
 [5. 6. 7.]]
```

图 11 – 8 运行结果

11. 2. 5 数组算术运算

numpy 库提供了一些简单算术运算函数，可以进行数组与数组之间的加、减、乘和除等运算，但必须注意的是，数组必须具有相同的形状。numpy 库中数组算术运算函数见表 11 – 6。

表 11 – 6 数组算术运算函数

函数	说明
np. add(x,y)	数组 x 与数组 y 相加
np. subtract(x,y)	数组 x 与数组 y 相减
np. multiply(x,y)	数组 x 与数组 y 相乘
np. divide(x,y)	数组 x 与数组 y 相除

创建数组后，进行数组算术运算，代码如下。

【例11.5】使用numpy进行数组算术运算。

```
import numpy as np
x = np.arange(1,5)
y = np.linspace(7,10,4)
z = np.array([[1,2,3,4],[5,6,7,8],[9,10,11,12]])
print("x = ",x)
print("y = ",y)
print("z = ",z)

                                            #一维数组与一维数组的算术运算
print("x + y = ",np.add(x,y))
print("x - y = ",np.subtract(x,y))
print("x* y = ",np.multiply(x,y))
print("x/y = ",np.divide(x,y))

                                            #一维数组与二维数组的算术运算
print("x + z = ",np.add(x,z))
print("x - z = ",np.subtract(x,z))
print("x* z = ",np.multiply(x,z))
print("x/z = ",np.divide(x,z))
```

以上代码运行结果如图11-9所示。

```
x = [1 2 3 4]
y = [ 7.  8.  9. 10.]
z = [[ 1  2  3  4]
 [ 5  6  7  8]
 [ 9 10 11 12]]
x+y = [ 8. 10. 12. 14.]
x-y = [-6. -6. -6. -6.]
x*y = [ 7. 16. 27. 40.]
x/y = [0.14285714 0.25       0.33333333 0.4       ]
x+z = [[ 2  4  6  8]
 [ 6  8 10 12]
 [10 12 14 16]]
x-z = [[ 0  0  0  0]
 [-4 -4 -4 -4]
 [-8 -8 -8 -8]]
x*z = [[ 1  4  9 16]
 [ 5 12 21 32]
 [ 9 20 33 48]]
x/z = [[1.         1.         1.         1.        ]
 [0.2        0.33333333 0.42857143 0.5       ]
 [0.11111111 0.2        0.27272727 0.33333333]]
```

图11-9　运行结果

11.2.6　数组函数运算

numpy库不仅提供算术运算，还有一些基本函数，比如三角函数和其他常用函数等。

numpy 库中的数组常用函数见表 11 −7。

表 11 −7　数组常用函数运算函数

函数	说明
np. sin(x)	计算每个元素正弦值
np. cos(x)	计算每个元素余弦值
np. tan(x)	计算每个元素正切值
np. sqrt(x)	计算每个元素平方根
np. round(x)	返回每个元素四舍五入值
np. floor(x)	返回不大于每个元素最大值（向下取整）
np. ceil(x)	返回不小于每个元素最小值（向上取整）
np. exp(x)	计算每个元素指数值
np. log(x)	计算每个元素自然对数值

创建数组后，进行数组函数运算，代码如下。

【例 11. 6】 使用 numpy 进行函数运算。

```
import numpy as np
x = np. arange(0,100,10)        #取 0 ~ 90 之间,步长为 10 的整数
y = 10 * np. random. rand(10)    #取 0 ~ 10 之间的随机数
print("x = ",x)
print("y = ",y)


                                #数组函数运算

print("x_sin = ",np. sin(x))
print("x_cos = ",np. cos(x))
print("x_tan = ",np. tan(x))
print("y_sqrt = ",np. sqrt(y))
print("y_round = ",np. round(y))
print("y_floor = ",np. floor(y))
print("y_ceil = ",np. ceil(y))
print("y_exp = ",np. exp(y))
print("y_log = ",np. log(y))
```

以上代码运行结果如图 11 −10 所示。

11. 2. 7　数组关系运算

除了基本函数，numpy 库还提供关系运算函数，可以进行数组与某个数值或数组之间大于、等于、小于等关系运算，关系运算的结果是布尔数组（值为 True 或 False 的数组）。numpy 库中数组关系运算函数见表 11 −8。

```
x = [ 0 10 20 30 40 50 60 70 80 90]
y = [8.39342639 8.57260273 6.10216355 4.53476617 4.00382253 0.49245526
 5.10091048 0.02429445 9.30348786 7.60120828]
x_sin= [ 0.          -0.54402111  0.91294525 -0.98803162  0.74511316 -0.26237485
 -0.30481062  0.77389068 -0.99388865  0.89399666]
x_cos= [ 1.          -0.83907153  0.40808206  0.15425145 -0.66693806  0.96496603
 -0.95241298  0.6333192  -0.11038724 -0.44807362]
x_tan= [ 0.           0.64836083  2.23716094 -6.4053312  -1.11721493 -0.27190061
  0.32004039  1.22195992  9.00365495 -1.99520041]
y_sqrt= [2.89714107 2.92790074 2.47025577 2.12949904 2.0009554  0.70175157
 2.25851953 0.15586678 3.05016194 2.75702889]
y_round= [8. 9. 6. 5. 4. 0. 5. 0. 9. 8.]
y_floor= [8. 8. 6. 4. 4. 0. 5. 0. 9. 7.]
y_ceil= [ 9.  9.  7.  5.  5.  1.  6.  1. 10.  8.]
y_exp= [4.41792935e+03 5.28486699e+03 4.46823449e+02 9.32017193e+01
 5.48072523e+01 1.63632891e+00 1.64171313e+02 1.02459197e+00
 1.09762361e+04 2.00061174e+03]
y_log= [ 2.12744883  2.14857139  1.80864339  1.51177352  1.38724954 -0.70835166
  1.62941905 -3.7175072   2.23038937  2.02830722]
```

图 11-10　运行结果

表 11-8　数组关系运算函数

函数	说明
np. equal(x,y)	数组 x 是否等于数组 y
np. not_equal(x,y)	数组 x 是否不等于数组 y
np. less(x,y)	数组 x 是否小于数组 y
np. less_equal(x,y)	数组 x 是否小于等于数组 y
np. greater(x,y)	数组 x 是否大于数组 y
np. greater_equal(x,y)	数组 x 是否大于等于数组 y

创建数组后，进行数组关系运算，代码如下。

【例11.7】使用 numpy 进行数组关系运算。

```
import numpy as np
x = np. random. randint(0,10,size =(3,3))
#取 0 ~ 9 之间的整数,生成 3 行 3 列数组
y = np. random. randint(0,10,size =(3,3))
print( "x = ",x)
print( "y = ",y)
#数组关系运算
print( "x == y ",np. equal(x,y))
print( "x != y ",np. not_equal(x,y))
print( "x < y ",np. less(x,y))
print( "x <= y ",np. less_equal(x,y))
print( "x > y ",np. greater(x,0.5))
print( "x >= y ",np. greater_equal(x,y))
```

以上代码运行结果如图 11−11 所示。

```
x = [[2 3 4]
  [3 6 4]
  [7 1 2]]
y = [[0 6 9]
  [8 7 4]
  [7 1 6]]
x==y [[False False False]
 [False False  True]
 [ True  True False]]
x!=y [[ True  True  True]
 [ True  True False]
 [False False  True]]
x<y [[False  True  True]
 [ True  True False]
 [False False  True]]
x<=y [[False  True  True]
 [ True  True  True]
 [ True  True  True]]
x>y [[ True  True  True]
 [ True  True False]
 [ True  True  True]]
x>=y [[ True False False]
 [False False  True]
 [ True  True False]]
```

图 11−11　运行结果

11.2.8　统计分析

作为数据处理与分析的基本库，numpy 库提供了许多统计函数，比如数组中查找最小元素、最大元素、平均值、总和、方差和标准差等。numpy 库中数组统计分析函数见表 11−9。

表 11−9　数组统计分析函数

函数	说明
np. amin(x,[axis =0 或 1])	返回最小值，axis 参数指定轴（0 纵轴；1 横轴），缺省则是所有元素
np. amax(x,[axis =0 或 1])	返回最大值
np. ptp(x,[axis =0 或 1])	返回指定轴中值的范围，即最大值减去最小值
np. median(x,[axis =0 或 1])	返回指定轴中轴的值
np. sum(x,[axis =0 或 1])	返回指定轴元素之和
np. mean(x,[axis =0 或 1])	返回指定轴元素平均值
np. var(x,[axis =0 或 1])	返回指定轴元素方差
np. std(x,[axis =0 或 1])	返回指定轴元素标准差

创建数组后，进行数组统计运算，代码如下。

【例 11.8】 使用 numpy 进行统计运算。

```
import numpy as np
x = np. linspace(1,10,10). reshape(2,5)
print("x = ",x)

                                              #计算最小值
print("x_amin_0 = ",np. amin(x,axis =0))
#axis =0 表示纵向,axis =1 表示横向
print("x_amin_1 = ",np. amin(x,axis =1))
print("x_amin = ",np. amin(x))

                                              #计算最大值
print("x_amax_0 = ",np. amax(x,axis =0))
print("x_amax_1 = ",np. amax(x,axis =1))
print("x_amax = ",np. amax(x))

                                              #返回中值范围
print("x_ptp_0 = ",np. ptp(x,axis =0))
print("x_ptp_1 = ",np. ptp(x,axis =1))
print("x_ptp = ",np. ptp(x))

                                              #返回中轴值
print("x_median_0 = ",np. median(x,axis =0))
print("x_median_1 = ",np. median(x,axis =1))
print("x_median = ",np. median(x))

                                              #计算和
print("x_sum_0 = ",np. sum(x,axis =0))
print("x_sum_0 = ",np. sum(x,axis =1))
print("x_sum = ",np. sum(x))

                                              #计算平均值
print("x_mean_0 = ",np. mean(x,axis =0))
print("x_mean_1 = ",np. mean(x,axis =1))
print("x_mean = ",np. mean(x))

                                              #计算方差
print("x_var_0 = ",np. var(x,axis =0))
print("x_var_1 = ",np. var(x,axis =1))
print("x_var = ",np. var(x))

                                              #计算标准差
print("x_std_0 = ",np. std(x,axis =0))
print("x_std_1 = ",np. std(x,axis =1))
print("x_std = ",np. std(x))
```

以上代码运行结果如图 11 - 12 所示。

```
x = [[ 1.  2.  3.  4.  5.]
 [ 6.  7.  8.  9. 10.]]
x_amin_0= [1. 2. 3. 4. 5.]
x_amin_1= [1. 6.]
x_amin= 1.0
x_amax_0= [ 6.  7.  8.  9. 10.]
x_amax_1= [ 5. 10.]
x_amax= 10.0
x_ptp_0= [5. 5. 5. 5. 5.]
x_ptp_1= [4. 4.]
x_ptp= 9.0
x_median_0= [3.5 4.5 5.5 6.5 7.5]
x_median_1= [3. 8.]
x_median= 5.5
x_sum_0= [ 7.  9. 11. 13. 15.]
x_sum_0= [15. 40.]
x_sum= 55.0
x_mean_0= [3.5 4.5 5.5 6.5 7.5]
x_mean_1= [3. 8.]
x_mean= 5.5
x_var_0= [6.25 6.25 6.25 6.25 6.25]
x_var_1= [2. 2.]
x_var= 8.25
x_std_0= [2.5 2.5 2.5 2.5 2.5]
x_std_1= [1.41421356 1.41421356]
x_std= 2.8722813232690143
```

图 11-12 运行结果

11.2.9 线性代数运算

线性代数库 linalg 是 numpy 库的子库，该库包含了线性代数所需的相应功能，比如计算行列式值、求解线性方程组和求解矩阵的乘法逆矩阵等。numpy 库中线性代数函数见表 11-10。

表 11-10 线性代数函数

函数	说明
np. dot(x,y)	返回两个数组的点积
np. vdot(x,y)	返回两个向量的点积
np. inner(x,y)	返回两个数组的内积
np. matmul(x,y)	返回两个数组的矩阵积
np. linalgdet(x)	计算数组的行列式
np. linalg. solve(x,y)	求解线性方程组
np. linalg. inv()	计算矩阵的乘法逆矩阵

创建数组后，进行数组线性代数运算，代码如下。

【例 11.9】使用 numpy 进行线性代数运算。

```
import numpy as np
x = np. arange(1,13). reshape(3,4)
```

```
y = np. arange(13,25). reshape(4,3)
z = np. array([[1,1,1],[0,2,5],[2,5, -1]])
b = np. array([6, -4,27])

print("x = ",x)
print("y = ",y)

print("x_dot_y = ",np. dot(x,y))                      #计算数组点积
print("x_vdot_y = ",np. vdot(x,y))                    #计算向量点积
print("x_matmul_y = ",np. matmul(x,y))                #计算两个数组矩阵积
print("x_inner_y = ",np. inner(x,x))                  #计算两个数组内积

print("z_det = ",np. linalg. det(z))                  #计算矩阵行列式值
print("z_solve_b = ",np. linalg. solve(z,b))          #求解线性方程组
print("z_inv = ",np. linalg. inv(z))                  #计算矩阵的乘法逆矩阵
```

以上代码运行结果如图 11 - 13 所示。

```
x= [[ 1  2  3  4]
 [ 5  6  7  8]
 [ 9 10 11 12]]
y= [[13 14 15]
 [16 17 18]
 [19 20 21]
 [22 23 24]]
x_dot_y= [[190 200 210]
 [470 496 522]
 [750 792 834]]
x_vdot_y= 1586
x_matmul_y= [[190 200 210]
 [470 496 522]
 [750 792 834]]
x_inner_y= [[ 30  70 110]
 [ 70 174 278]
 [110 278 446]]
z_det= -21.0
z_solve_b= [ 5.  3. -2.]
z_inv= [[ 1.28571429 -0.28571429 -0.14285714]
 [-0.47619048  0.14285714  0.23809524]
 [ 0.19047619  0.14285714 -0.0952381 ]]
```

图 11 - 13 运行结果

11.3 数据可视化库 matplotlib

数据处理与分析是 Python 语言的重要应用领域，另一个主要应用领域是数据可视化。数据可视化，对于挖掘数据潜在信息具有重要的价值和意义。Python 提供丰富的数据分析第三方库，同时也扩展数据可视化第三方库。

数据可视化库 matplotlib 是 Python 语言的一个 2D 绘图库，该图形库生成的图形质量不

仅满足执行程序文件绘制图形的需求，而且在交互环境下生成的图形能达到出版质量要求。通过使用 matplotlib 库，可以很方便地绘制线图、散点图、直方图、饼图、极坐标图和三维图等可视化图形。

数据可视化库 matplotlib 有许多子库，而子库 pyplot 主要用于数据展示图形的绘制，本节将重点介绍库 pyplot。按照使用习惯，一般使用以下方式引用 matplotlib. pyplot 库：

```
import matplotlib. pyplot as plt
```

该命令的作用是导入 matplotlib. pyplot 子库并起别名 plt，即在后续的程序中，plt 将代替 matplotlib. pyplot。

使用 matplotlib. pyplot 子库绘制基础图形的常用函数见表 11 – 11。

表 11 – 11　matplotlib. pyplot 子库绘制基础图形函数

函数	说明
plt. plot(x,y,linewidth,linestyle,color)	绘制直曲线图
plt. scatter(x,y,s,c)	绘制散点图
plt. hist(x,num_bins)	绘制直方图
plt. pie(x,labels,explode)	绘制饼图
plt. polar(theta,radii)	绘制极坐标图
plot_surface(x,y,z)	绘制 3D 图
plt. boxplot(data,notch,position)	绘制一个箱形图
plt. bar(left,height,width)	绘制条形图
plt. step(x,y,where)	绘制步阶图

11. 3. 1　绘制三角函数

matplotlib. pyplot 库可以绘制函数（线图）图形，比如基础的正弦函数和余弦函数。在同一坐标系下，以下代码绘制正弦函数和余弦函数图形。

【例 11. 10】绘制正弦函数和余弦函数图。

```
import numpy as np
import matplotlib. pyplot as plt
x = np. linspace( 0,2* np. pi,256)
#创建 0 ~2pi 的等差数组,等分成 256 个元素
y1 = np. sin( x)                          #计算相应正弦值
y2 = np. cos( x)                          #计算相应余弦值
plt. plot( x,y1)                          #绘制正弦函数
plt. plot( x,y2)                          #绘制余弦函数
plt. show( )                              #显示图形
```

绘制线图，使用 plt. plot(x,y,linewidth,linestyle,color,marker,markerfacecolor,markersize) 函数，参数说明如下。

x，y 分别表示 x 轴、y 轴数据；linewidth，linestyle 和 color 分别表示线条宽度、线条样式和线条颜色（可缺省）；marker，markerfacecolor 和 markersize 分别表示标记风格、标记颜色和标记大小（可缺省）。

运行结果如图 11 – 14 所示。

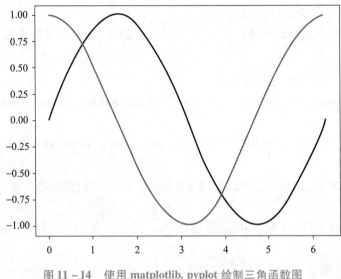

图 11 – 14　使用 matplotlib. pyplot 绘制三角函数图　　　　　　扫码查看彩图

11.3.2　绘制带标签和图例的三角函数

标签和图例能够清楚地解释数据图形的内容。创建标签和图例，添加数据的简短描述，能让读者更加容易观察与理解。matplotlib. pyplot 库可以添加标签和图例。以下代码绘制带标签和图例的正弦函数和余弦函数图形。

【例 11. 11】绘制带标签和图例的三角函数图。

```
import numpy as np
import matplotlib. pyplot as plt
import matplotlib
matplotlib. rcParams['font. family'] = 'SimHei'     #显示中文字体,使用黑体
matplotlib. rcParams['font. sans - serif'] = ['SimHei']
plt. rcParams['axes. unicode_minus'] = False        #显示负号

x = np. linspace(0,2* np. pi,100)
y1 = np. sin(x)
y2 = np. cos(x)
plt. plot(x,y1,label = 'sin')
plt. plot(x,y2,label = 'cox')
plt. title("sinx 和 cosx 函数")                      #添加标题
plt. xlabel("时间")                                  #添加 x 轴标签
plt. ylabel("数值")                                  #添加 y 轴标签
```

```
                                              #设置 x 轴、y 轴刻度标签和数值
   plt.xticks([0,np.pi/2,np.pi,3*np.pi/2,2*np.pi],[r'$0$',r'$\pi/
2$',r'$\pi$',r'$3\pi/2$',r'$2\pi$'])
   plt.yticks([-1,-0.5,0,0.5,1,1.5],[r'$-1$',r'$-0.5$',r'$0$',
r'$0.5$',r'$1$',r'$1.5$'])
   plt.legend(loc="upper right")              #添加图例,设置图例位置
   plt.show()
```

创建标签和图例,会使用如下语句或函数:

①设置中文字体:matplotlib. rcParams['font. family'] 和 matplotlib. rcParams['font. sans -serif'] 方法设置中文字体。

②创建标题和标签:plt. title() 函数用来创建标题;plt. xlael() 和 plt. ylabel() 函数分别设置 x 轴和 y 轴标签。

③修改坐标轴刻度标签和数值:plt. xticks() 和 plt. yticks() 函数分别设置 x 轴、y 轴刻度标签和数值。

④添加图例:plt. legend(loc) 函数,用来添加图例。其中,参数 loc 用来指定图例位置。

运行结果如图 11 - 15 所示。

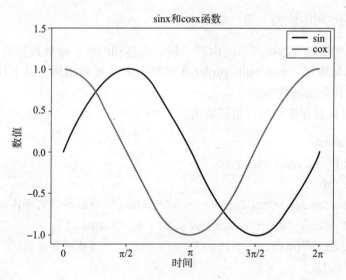

图 11 - 15　使用 **matplotlib. pyplot** 绘制带标签和图例的三角函数图

扫码查看彩图

11.3.3　绘制散点图

散点图可以显示两组数据的值,更能直观呈现两个变量之间的关联关系,即相关性。以下代码绘制散点图形:一幅弱相关性数据散点图,另一幅强相关性数据散点图。

【例 11.12】绘制弱相关性和强相关性散点图。

```
import numpy as np
import matplotlib.pyplot as plt
import matplotlib
matplotlib.rcParams["font.family"]="SimHei"
matplotlib.rcParams["font.sans-serif"]=["SimHei"]


N=50                           #散点个数
x=np.random.rand(N)            #随机产生50个0~1的数,作为x的数据
y1=np.random.rand(N)           #随机产生50个0~1的数,作为y1的数据(弱相关数据)
y2=x                           #将x值赋给y2,作为y2数据(强相关数据)


                               #绘制弱相关图
ax1=plt.subplot(121)    #在子区域1中绘制弱相关图
area=np.pi*(5*np.random.rand(N))**2   #设置点的大小
color=np.random.rand(N)                      #设置点的颜色
plt.scatter(x,y1,s=area,c=color,alpha=0.5,cmap=plt.cm.hsv)
#绘制弱相关散点图,cmap设置颜色转换
plt.title("弱相关性")
plt.colorbar()
                               #绘制强相关图
ax2=plt.subplot(122,sharey=ax1,sharex=ax1)
area=np.pi*(5*np.random.rand(N))**2
color=np.random.rand(N)
plt.scatter(x,y2,s=area,c=color,alpha=0.5,cmap=plt.cm.hsv)
plt.title("强相关性")
plt.colorbar()
plt.show()
```

使用 plt.scatter(x,y,s,c,alpha,cmap) 函数绘制散点图，参数说明如下。

x，y分别表示x轴、y轴数据；s表示点的大小，默认是20；c表示点的颜色；alpha表示散点透明度（取值0~1之间）；cmap表示颜色图谱映射（可缺省）。

运行结果如图11-16所示。

11.3.4　绘制直方图

直方图简单且直观，可以用来显示数据的绝对值，同时也可以用来显示数据的相对频率。直方图被用于数据的可视化分布估计。使用以下代码绘制正态分布直方图形。

【例11.13】绘制正态分布直方图。

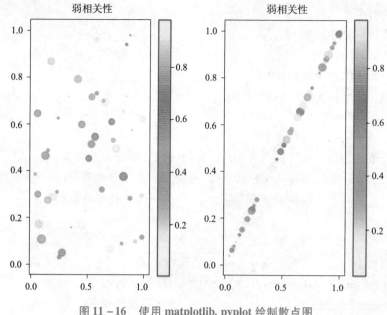

图 11-16 使用 **matplotlib. pyplot** 绘制散点图

扫码查看彩图

```
import numpy as np
import matplotlib
import matplotlib. pyplot as plt
matplotlib. rcParams["font. family"] = "SimHei"
matplotlib. rcParams["font. sans - serif"] = ["SimHei"]
mu = 100                              #期望
sigma = 15                           #标准差
x = mu + sigma* np. random. randn(10000)    #从标准正态分布中产生样本
num_bins = 50                        #直方图中矩形个数
n,bins,patches = plt. hist(x,num_bins,density = 1,facecolor = 'g',al-
pha = 0. 75)                         #绘制直方图
y = ((1/(np. sqrt(2* np. pi)* sigma))* np. exp( - 0. 5* (1/sigma* (bins -
mu))** 2))                           #拟合一条最佳正态分布曲线
plt. plot(bins,y,'r -- ')            #绘制拟合曲线
plt. xlabel("期望")
plt. ylabel("概率")
plt. title("正态分布直方图:$ \mu = 100 $ , $ \sigma = 15 $")
plt. show()
```

使用 plt. hist(x,num_bins,density,facecolor,alpha) 函数绘制直方图，参数说明如下。

x 表示样本数据；num_bins 表示箱子（或矩形）个数；density 表示正则化直方图，即求频率；facecolor 表示箱子（或矩形）颜色；alpha 表示透明度（取值 0 ~ 1 之间）。

运行结果如图 11 - 17 所示。

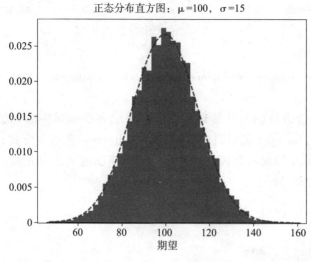

正态分布直方图：$\mu=100$，$\sigma=15$

图 11–17　使用 matplotlib. pyplot 绘制直方图

扫码查看彩图

11.3.5　绘制饼图

饼图适合展示总体中各个类别数据所占总体的比例。饼图通过一定面积和不同颜色的扇形显示所对应类别的比例，但所有比例和加起来为固定值 1。使用以下代码绘制饼图图形。

【例 11.14】绘制饼图。

```
import matplotlib
import matplotlib. pyplot as plt
matplotlib. rcParams["font. family"] = "SimHei"
matplotlib. rcParams["font. sans - serif"] = ["SimHei"]
values = [0.17253,0.16086,0.10308,0.06196,0.04801,0.04743,0.40613]
                                    #每个标签所对应数值
labels = ["Java","C","Python","C ++ ","C#",". NET","其他"]    #标签
explode = [0,0,0.1,0,0,0,0]                #扇区离圆心距离
plt. axes( aspect = 'equal')             #横、纵坐标标准化处理,保证是圆
plt. xlim(0.8)                          #设置 x 轴、y 轴范围
plt. ylim(0.8)

                                        #绘制饼图
plt. pie ( x = values, labels = labels, explode = explode, autopct = "%
.3f%",\
        pctdistance = 0.8, labeldistance = 1.15, startangle = 90, coun-
terclock = False)
plt. xticks(())                        #删除 x 轴和 y 轴刻度
plt. yticks(())
plt. title("2019 年 12 月编程语言指数排行榜")
```

```
    plt. legend(title = "程序语言",loc = "center right",bbox_to_anchor =
(1.3,0.5))                                        #设置标签的标题和位置
    plt. show()
```

使用 plt. pie（x, labels, explode, autopct, pctdistance, labeldistance, startangle, counterclock）函数绘制饼图，参数说明如下：

x 表示各类数据（若大于 1，会进行归一化处理）；labels 表示各数据对应的标签；explode 表示每个扇形距离圆心距离；autopct 表示百分比格式；pctdistance 表示百分比标签与圆心距离；labeldistance 表示扇区标签与圆心距离；startangle 表示饼图起始绘制角度；counterclock 表示饼图绘制方向（默认逆时针）。

运行结果如图 11 –18 所示。

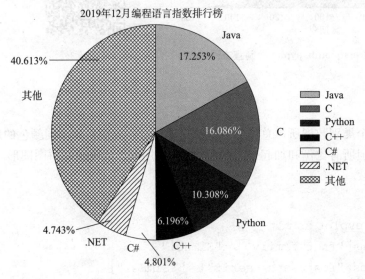

扫码查看彩图

图 11 –18　使用 matplotlib. pyplot 绘制饼图

11.3.6　绘制极坐标图

极坐标是一个二维坐标系统，由极点、极径和极角三部分构成。极坐标应用于数学、物理、工程和航海等领域，应用十分广泛。对于很多类型的曲线，极坐标是最简单、最有效的表达形式。

【例 11. 15】绘制极坐标条形图和散点图。

```
import numpy as np
import matplotlib
import matplotlib. pyplot as plt
matplotlib. rcParams["font. family"] = "SimHei"
matplotlib. rcParams["font. sans - serif"] = ["SimHei"]
```

```
                                                        #极坐标参数设置
N = 20
theta = np. linspace(0,2* np. pi,N,endpoint = False)    #设置极角
radii =10* np. random. rand(N)                          #设置极径
width = np. pi/4* np. random. rand(N)                    #设置条形宽度
color = plt. cm. viridis(np. random. rand(N))            #设置颜色
                                                        #绘制极坐标条形图
ax1 = plt. subplot(121,projection = 'polar')
ax1. bar(theta,radii,width = width,bottom = 0. 0,color = color)
plt. title("极坐标条形图")
                                                        #绘制极坐标散点图
ax2 = plt. subplot(122,projection = 'polar')
area = np. pi* radii** 2
color = np. random. rand(N)
ax2. scatter(theta,radii,c = color,s = area)
plt. title("极坐标散点图")
plt. show()
```

使用 plt. polar(theta,radii,color,linewidth,marker) 函数绘制极坐标图。然而，要在子图中绘制极坐标图，需使用 plt. subplot(plot_number,projection) 函数，并将 projection 参数设置成"polar"。不管是一般的极坐标图，还是在条形图或散点图中绘制极坐标图，都需要两个参数：

①极角（theta）：从极轴方向（水平向右）开始，逆时针方向所旋转的角度。

②极径（radii）：当前位置与极点之间的距离。

运行结果如图 11 – 19 所示。

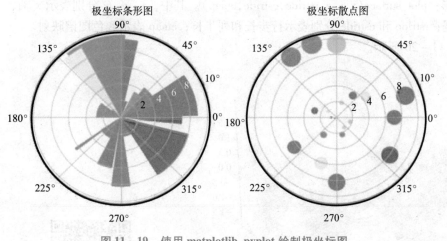

图 11 – 19　使用 matplotlib. pyplot 绘制极坐标图

扫码查看彩图

11. 3. 7　绘制三维图

3D 图视觉上层次分明，色彩鲜艳，给人以深刻的印象。虽然 matplotlib 库主要专注于二

维图形的绘制，但通过一些扩展包，比如 Basemap、GTK 工具、Excel 工具、AxesGrid 和 mplot3d 等，也能实现 3D 图形绘制。本节将使用 mplot3d 扩展包，实现基本的 3D 绘图功能，绘制简单的三维曲面图形。

【例 11.16】绘制简单的三维曲面图。

```
import numpy as np
import matplotlib as mpl
import matplotlib.pyplot as plt
from mpl_toolkits.mplot3d import Axes3D          #导入 mplot3d 扩展包
fig = plt.figure()
ax = plt.axes(projection = "3d")                 #设置三维坐标轴

xdata = np.arange( -5,5,0.5)
ydata = np.arange( -5,5,0.5)
X,Y = np.meshgrid( xdata,ydata)                  #将数据转换成坐标矩阵
Z = np.sin(X) + np.cos(Y)

ax.plot_surface(X,Y,Z,rstride =1,cstride =1,cmap = "rainbow")
                                                 #绘制 3D 图
ax.contour(X,Y,Z,offset = -2,cmap = "rainbow")   #绘制等高线
plt.show()
```

绘制三维图，会使用如下语句或函数：

①导入 mplot3d 扩展包：from mpl_toolkits.mplot3d import Axes3D。

②创建 Axes3D 对象函数：plt.axes(projection = "3d")。

③绘制 3D 图形：plot_surface(x,y,z,rstride,cstride,cmap)。其中，x，y，z 分别表示 x 轴、y 轴和 z 轴对应数据；rstride 和 cstride 分别表示行步长和列步长；cmap 表示颜色图谱映射。

运行结果如图 11 –20 所示。

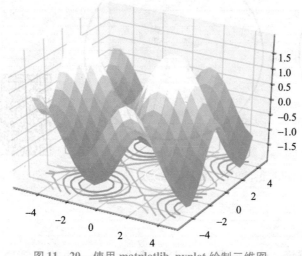

图 11 –20 使用 **matplotlib. pyplot** 绘制三维图

扫码查看彩图

本章小结

本章以第三方库为中心，介绍了第三库的安装和使用方法，主要学习了数值计算库 numpy 和数据可视化库 matplotlib。

Python 语言具有良好的可扩展性和强大的生命力，这主要得益于其官方网站提供并分享了大量开源的第三方库。第三方库一般不随 Python 安装包一起发布。使用时，应根据实际需求安装所需的第三方库。第三方库的安装主要有 3 种方法：pip 工具安装、自定义安装和文件安装。本章介绍和学习了这 3 种方法的安装过程，而实际中，最常用且高效的第三方库安装方式是采用 pip 工具来安装。

数值计算库 numpy 是 Python 语言中数据处理第三方库，支持多维数组的操作；拥有丰富的处理函数，比如算术、逻辑、函数、排序、线性代数、矩阵运算和统计运算等；更能整合不同的编程语言，提供简单易用的 API，方便不同程序语言之间传递和使用数据。因此，numpy 库特别适合数值运算，而从实际使用情况来看，numpy 库已成为数值计算的标准库。

数据可视化库 matplotlib 是 Python 语言可视化第三方库，能够绘制多种图形，比如线图、散点图、直方图、饼图、极坐标图和三维图等。该图形库生成的图形质量不仅满足执行程序文件绘制图形的需求，而且在交互环境下生成的图形能达到出版质量要求。同时，该库支持跨平台使用，可以应用在各种操作平台和工作环境中。最重要的是，使用 matplotlib 库进行数据可视化，对于挖掘数据潜在信息具有重要的价值和意义。

习 题 11

一、选择题

1. 计算 numpy 数组中元素个数的方法是（　　）。

A. np. sqrt( )　　　　B. np. size( )　　　　C. np. identity( )　　　D. np. abs( )

2. numpy 库中使用（　　）函数改变数组形状，但不改变原数组。

A. np. reshape( )　　B. np. resize( )　　　C. np. arrange( )　　　D. np. random( )

3. numpy 库中创建数值在 0 ~ 1 之间随机数组的方法是（　　）。

A. np. zeros( )　　　B. np. ones( )　　　　C. np. arange( )　　　D. np. random( )

4. 数组 n = np. arange(24). reshape(2, −1,2,2)，n. shape( ) 的返回结果是（　　）。

A. (2, 3, 2, 2)　　B. (2, 2, 2, 2)　　C. (2, 4, 2, 2)　　D. (2, 6, 2, 2)

5. 已知 a = np. arange(24). reshape(3,4,2)，那么 a. sum(axis = 0) 所得的结果为（　　）。

A. array([12 16], [44 48], [76 80])

B. array([[1, 5, 9, 13], [17, 21, 25, 29], [33, 37, 41, 45]])

C. array([[24, 27], [30, 33], [36, 39], [42, 45]])

D. 以上全不对

6. 在使用 matplotlib. pyplot 时，导入语句是（　　）。

A. import matplotlib. pyplot as plt   B. import pandas as pd

C. import sys   D. import matplotlib

7. 在 matplotlib. pyplot 库中，绘制饼图使用（　　）函数。

A. plt. plot( )   B. plt. pie( )   C. plt. hist( )   D. plt. scatter( )

8. 绘制图形时，经常需要在图形中加入图例，在 matplotlib. pyplot 库中使用（　　）函数。

A. plt. xlabel( )   B. plt. ylabel( )   C. plt. label( )   D. plt. legend( )

二、填空题

1. 导入 numpy 并命名为 np 的方法是_____。

2. 创建元素都为 0 的数组函数_____，创建元素都为 1 的数组函数_____。

3. 创建一个一维数组，元素值从 11 到 50_____。

4. 创建一个数组 n = np. eye(3)，n. dtype 返回_____数据类型，n[1][1] 返回_____。

5. numpy 库中，返回最大值的方法为_____。

6. matplotlib. pyplot 子库中，创建一个子绘图区域的函数是_____。

7. matplotlib. pyplot 子库中，设置标题的函数是_____。

8. matplotlib. pyplot 子库中，打开或关闭坐标网格的函数是_____。

三、编程题

1. 使用多种方法创建一个长度为 10，值为 [1，2，3，4，5，6，7，8，9，10] 的一维数组。

2. 数组 a = np. array([1，2，3，4])，b = np. array([1，1，1，1]，[2，2，2，2]，[3，3，3，3])，对这两个数组进行如下运算：

(1) 返回数组 a，b 的维度。

(2) 不改数组 a，b 形状，数组 a 返回 2 行 2 列数组，数组 b 返回 4 行 3 列数组。

(3) 下标为 0，且步长为 2 访问数组 a 中元素；访问数组 b 中第 2 行和第 3 行中所有元素。

(4) 返回数组 a，b 中的最大值。

(5) 数组 b 中指定轴 axis = 0，计算其平均值。

3. 使用 numpy 数组计算由三个坐标点 $(0，0)$，$(1，\sqrt{3})$，$(2，0)$ 所构成图形的周长和面积。

4. 使用 matplotlib. pyplot 子库绘制 $f(x) = \cos(2\pi x)e^{-x}$ 函数图像，并添加标题"阻尼衰减曲线和图例：$\cos(2\pi x)e^{-x}$"。

5. 使用 numpy 库随机生成 100 个 1 ~ 7 范围内的整数，统计 1 ~ 7 整数相应个数，并绘制相应饼图。

习 题 答 案

第 2 章

一、选择题

C B B C A D B A D B

二、编程题（略）

第 3 章

一、选择题

C C C A C A C A A B

二、编程题

1.（1）方法一
```
s = "my,name,is,zhangsan"
print(s[3:7])
```
（2）方法二
```
s = "my,name,is,zhangsan"
c = s.split(',')[1]
print(c)
```
2.
```
a = "my name is zhangsan"
a = a.replace('zhangsan','lisi')
print(a)
```

第 4 章

一、选择题

A A B B B C A B D

二、填空题

1. continue
2. [−1, −3, −5, −7, −9, −11]
3. 0.75
4. −18
5. 53
6. 12, 7
7. a = 2
    a = 3
    a = 6
8. 9

三、编程题（略）

第 5 章

一、填空题

1. sqrt( )
2. type( )
3. id( )
4. [111, 33, 2]
5. 11

二、程序阅读题和填空题

1. 13   16   15
2. 16   8   20
3. 在大写英文字母、小写英文字母和 10 个阿拉伯数字之间随机选择 10 个字符，组成字符串

第 6 章

一、选择题

C B C B A A D C

二、填空题

1. 字典
2. 列表   字典
3. sort
4. 圆括号
5. 66
6. 90
7. [9, 6, 5, 2, 1]
8. {6, 7}

三、编程题

```python
li = [11,22,33,44,55,66,77,88,99,90]
dic = {}
n = []
m = []
for i in li:
    if i > 66:
        n.append(i)
```

```
        if i<66:
            m.append(i)
    dic.update(k1=m,k2=n)
    print(dic)
```

第8章

一、选择题

A D B C A B

二、判断

√ √ √ √ √ √ × √ √ √

三、填空

1. class   2.（类名、类的属性、类的方法）   3.（stu = Student()）   4.（封装、继承、多态）   5.（__init__）

6. 方法重写   7. 继承   8. self   9. __或双下划线   10. __或双下划线

11 封装性   12. mainloop 或 mainloop()   13. __init__或__init__()

四、编程题

```
#定义一个学生竞赛小组类
class classes:
    def __init__(self,Num):
        self.Num = Num    #学生小组剩余名额
        self.containsItem = []
    def __str__(self):
        msg = "当前学习小组空余人数为:" + str(self.Num)
        if len(self.containsItem) >0:
            msg = msg + " 包括的学生有:"
            for temp in self.containsItem:
                msg = msg + temp.getName() + ","
            msg = msg.strip(",")
        return msg
#包含学生
    def stuNum(self,item):
    #如果学生小组空余名额大于学生人数
    needNum = item.getUsedNum()
    if self.Num >= needNum:self.containsItem.append(item)
```

```
            self.Num -= needNum
            print("参加成功")
        else:
            print("错误:学生竞赛小组空余名额:%d,但是要参加的学生人数为%d"%(self.Num,needNum))
    #定义报名学生类
    class Stu:
        def __init__(self,Num,name='张三'):
            self.name = name
            self.Num = Num
        def __str__(self):
            msg = '学生报名人数:' + str(self.Num)
            return msg
        #获取学生的人数
        def getUsedNum(self):
        return self.Num
        #获取学生的人数
        def getName(self):
            return self.name
        #报名到小组里
    newclasses.stuNum(newStu)
    print(newclasses)
    #创建第二组学生对象
    newStu2 = Stu(2,'李力,王明')
    print(newStu2)
    #报名到小组里
    newclasses.stuNum(newStu2)
    print(newclasses)
    #创建第三组学生对象
    newStu2 = Stu(1,'刘红')
    print(newStu2)
    #报名到小组里
    newclasses.stuNum(newStu2)
    print(newclasses)
```

第9章

一、选择题

C D

二、填空题

1. 网格管理器　包管理器　位置管理器
2. canvas　listbox　mainloop
3. 创建一个顶层窗口对象来容纳整个 GUI 程序　在顶层窗口对象中加入 GUI 组件　把 GUI 组件与事件处理代码相连接　进入主事件循环。

第 10 章

一、选择题

D C B A C A B A B A C A A A

二、填空题

1. 箭头　2. end_fill　3. turtle. done( )

三、编程题（略）

附录 1　关键词索引

第 1 章　关键词索引

1. 编程语言发展脉络：编程语言从机器语言、高级语言发展的过程及主要代表语言。

2. Python 语言运行环境：指官方提供的 Python 语言开发 jicheng 环境，编译环境分 Python 2 和 Python 3 两个版本。

3. Python 程序架构：一个较完整的 Python 语言程序架构。

第 2 章　关键词索引

1. input()：以字符串的方式返回用户输入的数据。

2. print(x,…)：将 0 个或更多个参数作为一行打印到标准输出，并用空格分隔参数。

3. len（字符串）：返回指定字符串的长度（也就是包含的项数）。

4. end = " "：为末尾 end 传递一个空字符串，这样 print 函数不会在字符串尾添加一个换行符，而是添加一个空字符串。

5. eval(s)：计算以字符串 s 表示的表达式；在输入 input() 函数中，可用于输入字符的类型转换。

6. import：import 语句是让外部函数库的模块能用于本程序中的语句。

第 3 章　关键词索引

1. 整数类型：整数类型与数学中整数的概念一致，有 4 种进制表示：十进制、二进制、八进制和十六进制。

2. 浮点数类型：浮点数类型与数学中实数的概念一致，表示带有小数的数值。浮点数有两种表示方法：十进制形式的一般表示和科学计数法表示。

3. 复数类型：复数类型表示数学中的复数，复数类型中实部和虚部都是浮点类型。

4. 数值运算函数：表现为对参数的特定运算。

5. 字符串：字符串是字符的序列表示，根据字符串的内容多少，分为单行字符串和多行字符串。

6. 字符串索引：对字符串中某个字符的检索称为索引。

7. 字符串切片：对字符串中某个子串或区间的检索称为切片。

8. format() 函数：用于解决字符串和变量同时输出时的格式安排问题。

9. 数据类型判断：type(x) 函数对变量 x 进行类型判断，适用于任何数据类型。

第4章　关键词索引

1. 顺序结构：按照语句出现的先后顺序依次执行。

2. 选择结构：也叫分支结构，根据条件判断是否执行相关语句。

3. 循环结构：当条件成立时，执行循环体语句。

4. 循环中的 break 语句：使程序流程从包含它的最内层循环中跳出，转到该循环结构外的下一语句执行。

5. 循环中的 continue 语句：结束本次循环，使得包含它的循环开始下一次循环条件的判断。

6. 循环中的 else 语句：当循环语句正常退出时，执行 else 后的语句块，否则，如果循环不是正常执行完，如使用 break 中断循环，则不执行 else 后的语句块。

7. 循环嵌套：在一个循环体语句中又包含另一个循环语句。

第5章　关键词索引

1. 函数：函数（Function）是组织好的，可重复使用的，用来实现单一或相关联功能的代码段。函数能提高应用的模块性和代码的重复利用率，从而提高编程的效率和程序的可读性。

2. 函数体的文档字符串：函数体的第一行语句可以是一段说明文档，说明函数的功能，一般由三引号括起来，称为文档字符串（Documentation String 或者 Docstring）。文档字符串可以通过属性__doc__访问得到。

3. 匿名函数：就是创建了可以被调用的函数，它返回了函数，而并没有将这个函数命名，普通函数需要使用函数名去调用，而匿名函数没有，所以需要把这个函数对象复制给某个变量进行调用。

4. 局部变量：在函数内部赋值的变量是局部变量，它只能在定义它的函数中访问。

5. 全局变量：在函数之外赋值的变量是全局变量，它可以被整个程序中的其他语句使用。

6. 递归：函数被定义，实际是将代码封装成一个程序段，可以被其他程序调用。当然，也可以被函数内部其他语句调用。这种在函数定义中调用自身的方式称为递归。

7. 标准库：随着安装包一起发布，提供了系统管理、网络通信、文本处理等功能，需要使用 import 命令引用，才能使用其定义的函数。

8. 内置函数：Python 程序中使用的函数不需要引用直接就可以使用的，这部分函数称为内置函数，如 eval()，print() 等。

9. 包：包是 Python 引入的分层次文件目录结构，它定义了一个有模块、子包及子包下的子包等组成的 Python 的应用环境。

第6章　关键词索引

1. 不可变数据类型：当数据类型对应变量的值发生了改变时，那么它对应的内存地址也会发生改变，这种数据类型称为不可变数据类型。

2. 可变数据类型：当数据类型对应变量的值发生了改变，那么它对应的内存地址不发生改变，这种数据类型称为可变数据类型。

3. 列表（list）：是 Python 中使用最频繁的数据类型。列表可以完成大多数集合类的数据结构实现。它支持字符、数字、字符串甚至可以包含列表（嵌套）。列表用 ［ ］ 标识，是 Python 最通用的复合数据类型。

4. 元组：是另一种数据类型，类似于 list。元组用 ( ) 标识。元素值不能更新，相当于只读列表。

5. 字典（dictionary）：是除列表以外 Python 之中最灵验的内置数据结构类型。列表是有序的对象结构，字典是无序的对象集合。

6. 索引：列表或者元组中的所有元素都是有编号的，从 0 开始递增。这些元素可以通过编号分别访问。

7. 分片：与使用索引来访问单个元素类似，可以使用分片操作来访问移动范围内的元素。分片通过冒号隔开的两个索引来实现。

第7章　关键词索引

1. 文件：存储在辅助存储器上的一组数据序列，可以包含任何数据内容。

2. open( )：打开文件。

3. 异常：异常即是一个事件，该事件会在程序执行过程中发生，影响了程序的正常执行。

4. 断言：assert（断言）用于判断一个表达式。如果断言成功，就不采取任何措施，否则，触发 AssertionError 的异常。

5. 数据的维度：一组数据在被计算机处理之前需要进行一定的组织，表明数据之间的基本关系和逻辑，进而形成"数据的维度"。

第8章　关键词索引

1. 面向对象编程（Object Oriented Programming，OOP）：按人们认识客观世界的系统思维方式，采用基于对象（实体）的概念建立模型，模拟客观世界分析、设计、实现软件的办法。

2. 类（class）：把具有共同性质的事物划分为一类，得出一个抽象的概念。

3. 构造方法：是类的构造函数或初始化方法，用来进行一些初始化的操作，在对象创建时就设置好属性。

4. 析构方法：当创建对象后，Python 解释器会调用__init__( ) 方法。

5. 封装（encapsulation）：将对象运行所需的资源封装在程序对象中，基本上是方法和数据。

6. 继承（inheritance）：是指在一个现有类的基础上构建一个新的类。构建的新类能自动拥有原有类的属性和方法。

7. 多态（Polymorphism）：指能够呈现多种不同的形式或形态，是一个变量，可以引用不同类型的对象，并能自动调用被引用对象的方法，从而根据不同的对象类型响应不同的操作。

第9章　关键词索引

1. 图形化用户界面（Graphic User Interface，GUI）：即通过鼠标对菜单、按钮等图形化元素触发指令，并从标签、对话框等图形化显示容器中获取人机对话信息。

2. Tkinter（Tk interface，Tk 接口）：是 Tk 图形用户界面工具包标准的 Python 接口。Tkinter 是 Python 的标准 GUI 库，支持跨平台的图形用户界面应用程序开发，包括 Windows、Linux、UNIX 和 Macintosh 操作系统。

3. 布局管理器：组织和管理在父组件中子组件的布局方式，Tkinter 提供了三类不同的布局管理类：pack（使用块的方式组织组件）、grid（采用表格的结构组织组件）和 place（可以设置组件的大小与位置，精确控制组件）。

4. 事件：用户通过鼠标和键盘与图形用户界面交互时，会触发事件。Tkinter 事件采用放置于尖括号（<>）内的字符串表示，称为事件系列。

5. 响应函数：在 GUI 中定义了一些组件，当调用组件时，就会运行某个函数，这个函数称为响应函数。

6. Label 组件：主要用于显示文本信息。Label 既可以显示文本，也可以显示图像。

7. LabelFrame（标签框架）组件：是一个带标签的矩形框架，主要用于包含若干组件。

8. Message（消息）组件：Message 和 Label 一样，也是用来显示文本信息，但主要用于显示多行文本信息。

9. Entry 组件：Entry（单行文本框）主要用于显示和编辑文本。

10. Listbox（列表框）组件：这是一个用来显示一个字符串列表的组件。

11. Canvas（画布）组件：用于绘制各种几何图形，如圆、椭圆、线段、三角形、矩形、多边形等。

12. Text 组件：这个组件用来编辑多行文本。

第10章　关键词索引

1. turtle 函数库：是 Python 内置的一个图形绘制功能非常强大的函数库，可以使用一系列的函数来设置小海龟的运行参数，并控制小海龟在屏幕上的各种运动。通过这些复杂而有趣的运动，小海龟会在屏幕上留下色彩丰富的各种形状。

2. random 随机函数库：可以生成随机浮点数、整数、字符串，甚至帮助随机选择列表序列中的一个元素、打乱一组数据等。

3. datatime 时间函数库：内置的 datetime 库是一个时间处理模块，主要用来获取当前日期和时间。

4. turtle 的绝对空间坐标系：绘图窗体中心为坐标原点，向右为 x 轴，向上为 y 轴，与数学中的直角坐标系相同。

5. turtle 的海龟坐标：以海龟的角度来看，有前、后、前进方向左侧和前进方法右侧四个方向。

6. turtle 绝对角度坐标系：x 轴为 0°，逆时针为角度正值，顺时针为角度负值。turtle. seth(angle) 改变行进方向，但不行进。

第 11 章　关键词索引

1. 第三方库：数学、物理和信息等领域专业技术或特定问题的开源程序，需要下载和安装才能使用。

2. pip 工具：Python 中自带的管理第三库工具，常用且高效。

3. numpy 库：Python 中进行数据处理的第三方库，是科学计算和数据分析与挖掘必备的扩展库。

4. matplotlib 库：Python 中数据可视化第三方库，能够绘制多种图形。

附录2 全国计算机等级考试二级 Python 语言程序设计考试大纲（2018 年版）

基本要求：

1. 掌握 Python 语言的基本语法规则。
2. 掌握不少于两个基本的 Python 标准库。
3. 掌握不少于两个 Python 第三方库，掌握获取并安装第三方库的方法。
4. 能够阅读和分析 Python 程序。
5. 熟练使用 IDLE 开发环境，能够将脚本程序转变为可执行程序。
6. 了解 Python 计算生态在以下方面（不限于）的主要第三方库名称：网络爬虫、数据分析、数据可视化、机器学习、Web 开发等。

考试内容：

一、Python 语言基本语法元素

1. 程序的基本语法元素：程序的格式框架、缩进、注释、变量、命名、保留字、数据类型、赋值语句、引用。
2. 基本输入/输出函数：input( )、eval( )、print( )。
3. 源程序的书写风格。
4. Python 语言的特点。

二、基本数据类型

1. 数字类型：整数类型、浮点数类型和复数类型。
2. 数字类型的运算：数值运算操作符、数值运算函数。
3. 字符串类型及格式化：索引、切片、基本的 format( ) 格式化方法。
4. 字符串类型的操作：字符串操作符、处理函数和处理方法。
5. 类型判断和类型间转换。

三、程序的控制结构

1. 程序的三种控制结构。

2. 程序的分支结构：单分支结构、二分支结构、多分支结构。

3. 程序的循环结构：遍历循环、无限循环、break 和 continue 循环控制。

4. 程序的异常处理：try – except。

四、函数和代码复用

1. 函数的定义和使用。

2. 函数的参数传递：可选参数传递、参数名称传递、函数的返回值。

3. 变量的作用域：局部变量和全局变量。

五、组合数据类型

1. 组合数据类型的基本概念。

2. 列表类型：定义、索引、切片。

3. 列表类型的操作：列表的操作函数、列表的操作方法。

4. 字典类型：定义、索引。

5. 字典类型的操作：字典的操作函数、字典的操作方法。

六、文件和数据格式化

1. 文件的使用：打开、读写和关闭文件。

2. 数据组织的维度：一维数据和二维数据。

3. 一维数据的处理：表示、存储和处理。

4. 二维数据的处理：表示、存储和处理。

5. 采用 CSV 格式对一、二维数据文件的读写。

七、Python 计算生态

1. 标准库：turtle 库（必选）、random 库（必选）、time 库（可选）。

2. 基本的 Python 内置函数。

3. 第三方库的获取和安装。

4. 脚本程序转变为可执行程序的第三方库：Py Installer 库（必选）。

5. 第三方库：jieba 库（必选）、wordcloud 库（可选）。

6. 更广泛的 Python 计算生态，只要求了解第三方库的名称，不限于以下领域：网络爬虫、数据分析、文本处理、数据可视化、用户图形界面、机器学习、Web 开发、游戏开发等。

考试方式：

上机考试，考试时长 120 分钟，满分 100 分。

1. 题型及分值

单项选择题 40 分（含公共基础知识部分 10 分）。

操作题 60 分（包括基本编程题和综合编程题）。

2. 考试环境

Windows 7 操作系统，建议 Python 3. 4. 2 ~ Python 3. 5. 3 版本，IDLE 开发环境。